趣味
天文学
系列丛书

Black
holes
and
lucky
stars

黑洞和
幸运星

姚建明 编著

清华大学出版社
北京

内 容 简 介

　　黑洞很是吸引眼球，不过，一般人认识黑洞，必须从认识宇宙开始。而人类认识宇宙的历程，是何等艰辛！地球、太阳、银河系直至宇宙我们一步步地走过来。本书为您介绍黑洞、中子星、脉冲星等。星云是宇宙中各种天体的"原料库"，也是极其漂亮的天体。我们会为您介绍星云演变成恒星、恒星演变成白矮星、中子星直至黑洞的进程，带您领略宇宙的神奇与伟大！

　　本（套）书面对所有爱好读书、爱好天文学的读者。

图书在版编目（CIP）数据

黑洞和幸运星 / 姚建明编著. — 北京：清华大学出版社，2019（2022.3重印）
（趣味天文学系列丛书）
ISBN 978-7-302-53515-7

Ⅰ.①黑…　Ⅱ.①姚…　Ⅲ.①黑洞—普及读物　Ⅳ.①P145.8-49

中国版本图书馆CIP数据核字（2019）第180089号

责任编辑：朱红莲
封面设计：傅瑞学
责任校对：王淑云
责任印制：刘海龙

出版发行：清华大学出版社
　　　　　网　　址：http://www.tup.com.cn, http://www.wqbook.com
　　　　　地　　址：北京清华大学学研大厦A座　　邮　　编：100084
　　　　　社 总 机：010-83470000　　　　　　　邮　　购：010-62786544
　　　　　投稿与读者服务：010-62776969, c-service@tup.tsinghua.edu.cn
　　　　　质量反馈：010-62772015, zhiliang@tup.tsinghua.edu.cn
印 装 者：三河市吉祥印务有限公司
经　　销：全国新华书店
开　　本：148mm×210mm　　印　　张：6.375　　字　　数：162千字
版　　次：2019年9月第1版　　　印　　次：2022年3月第2次印刷
定　　价：29.00元

产品编号：079566-01

　　先和读者讲一段作者的亲身经历吧。是这样的，大家遇到初次见面的朋友，会相互寒暄，一般都要问问对方的工作情况吧。轮到朋友问我时，我会告诉他们："我是大学老师。"接下来，至少已经有 3 位初次见面的朋友接着问我："教体育的吧？"等后来和他们熟了，我就问他们了："凭什么认为我就是教体育的呢？"（这里没有轻视的意思，只是想搞明白！）他们会说："呃，你老先生体格那么壮，面孔又那么黑，看着就像教体育的！与你教授的'大学物理''天文知识基础''现代科技概论'等课程，似乎不沾边吧！"

　　为什么和大家说这段经历呢？当然和我们这套丛书有关。2008 年出版的《天文知识基础》一书从面世到现在已经是第 2 版了，马上就要出第 3 版。从读者的反馈来看，一个最突出的现象就是：读者也好，大众也罢，总是"先入为主"地认为，天文学深奥、难懂、太"高大上"。真的那么难懂吗？我和读者、我的学生们都讨论过这个问题，我问他们："如果我带你们去认星星，一个晚上你认识了二十几颗星星，几个晚上行星、恒星、卫星（包括月亮在内）就分得清楚了，认识到上百颗星星了，你足可以是一位天文爱好者了，是不是就懂得天文学了？"这个问题就与我开始和大家说的经历一样，大家都是"先入为主"，都是在听别人说的，没有亲自去尝试一下。当然，我们一方面为你"宽心"，告诉你学习天文学并不难；另一方面，我们也行动起来，为读者们奉献这套更容易懂、更接地气、内容与你更密切相关的《趣味天文学系列丛书》。写这套丛书就是想让你对天文学更感兴趣，并为此学习一些天

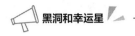

文学知识。

本丛书的名称是"趣味天文学系列丛书"，它是在两个版本的《天文知识基础》出版之后，在读者反馈基础上产生的想法。具体来说，就是我们把那些读者最感兴趣的、社会生活中最实用的天文学知识拿出来，用贴切的语言、灵活的组织形式重新编写成书。利用丛书的形式可以使书的内容更集中、兴趣点更突出。这套丛书，可以说是在天文学知识的基础上，又突破和拓展了许多。

第一册《天与人的对话》在解释了"天"之所以是"老天（爷）"等我国原始的知识基础上，剖析了什么是"天人感应""天人合一"，并分析和介绍了中外"星相学"的知识，同时感受中国古代文明的伟大。

第二册《星座和〈易经〉》是两个极其吸引人，又让人感到迷信、迷茫、深奥的话题。其实，它们并不深奥，"星座"不是科学，只是一种文化，而且只是娱乐性的文化。而《易经》谈论的更多的是中国古代文明的哲学思想，用《易经》算命只是帮助你更清楚地认识自我，辨清形势，并给出一些"合理"的建议。

第三册《天神和人》，希腊神话故事美妙动听、情节跌宕。它最早起源于希腊民间传颂的故事，后经过系统性的整理，加上作家的再创作而得来。中国古代神话人物——女娲、大禹、孙悟空等，也都有很美妙的神话故事，可你有没有察觉到，希腊神话人物与我国神话人物之间的区别。告诉你区别可大了去啦，这本书里会帮你分析。

第四册《星星和我》，看书名就知道是一起去认星星，让你成为"天文爱好者"。不仅如此，我们还像社会上流行的钢琴、古筝、架子鼓评级一样，我们为你"评（星霸）级"。非常简单，按数量评级。比如，你认识了北斗七星，接着认识了北极星，这就八颗星了。夏天一抬头"织女星"就在你的头顶，隔"河"再认识一下"牛郎星"，好啦，这就10颗星了，你就是"星霸初级"了！再加努力，相信一年认下来，达到"10

级",就认识 100 颗左右的星星啦!

第五册《流星雨和许愿》,相信大家都会很喜欢这本书。那么漂亮、壮观的流星雨,什么时候会出现,怎么去看?这本书都会告诉你。而且,流星出现的时候还可以许愿,把心愿告诉"上天",把"秘密"通过流星传达给心爱的人。流星雨是很美,地球上、太阳系中还有更美的天象——极光和彗星,我们都会为你详细介绍。

第六册《黑洞和幸运星》,黑洞你一定听说过,但是很少有人真正了解,因为量子力学毕竟只有物理专业大学本科以上的人才能学懂。没关系,我们会用浅显易懂的语言解释黑洞,少讲原理,多注重现象和效果。通过介绍当今宇宙中最"热门"的天体"中子星""脉冲星"来告诉你,它们代表着宇宙的希望和未来,能为宇宙带来新生,为大家带来幸运!

讲了这么多,相信已经"勾引"起你对天文学的兴趣了。读一读这套《趣味天文学系列丛书》吧,你可以选读,更希望你通读。我们一直坚持了我们出版的科普书籍的特点——可读性!介绍知识是起点,开阔视野、拓展知识面是目标。希望这套书能为你丰富多彩的生活添加一份属于天文学的乐趣!

姚建明

2018 年 8 月于浙江舟山台风季

前　言

　　黑洞又能"看见了"！一时间似乎全世界都开始关心天文学了。其实，是真的能看见了吗？从某种意义上说，天文学家早在 20 世纪 80 年代，就已经"看见"黑洞了。当然，他们是在无线电波段，利用射电望远镜探测到黑洞的高能粒子辐射，并成像的。

　　写这一册书之前，思考、酝酿了很久。主要是因为，单单地去写黑洞，那只能是像那些连"科普"都谈不上的，只是吸引人眼球的大众式的简介。作为天文学的普及读物，肯定是不够格的。关键是，读完这样的书籍，读者依然还是在云里雾里。最后这本书拿出了不少的篇幅，为大家介绍人类认识宇宙的历程。通过介绍地球从"平的"到"球形"，人类是怎样逐渐明了太阳的能量来源的，五大行星都是怎样命名的，等等。让读者明白，以前我们不知道的，为什么现在知道了，以前我们看不见的，为什么现在看见了！

　　毕竟是趣味天文学系列丛书，所以，介绍黑洞本书也只是把重点放在让读者明白：什么是黑洞？它真的"看不见"吗？黑洞是怎样形成的？黑洞对周边的天体都会产生什么影响？如果某一天真的地球附近"飘来"了一个黑洞，我们能怎么办？我们要做的，起码是要了解和认识它们，至于它真的来了，还是那句话——天塌了，有个子高的人顶着。

　　作为"资深"的天文爱好者，深深地明白，宇宙中那各式各样的星云，才是产生那些奇奇怪怪的天体的"母源"。所以，第 3 章我们谈论幸运星，为大家介绍恒星、星系是怎样形成的。重点就是告诉大家，

它们都是星云团凝聚的结果。

至于"幸运星",宇宙无奇不有,无所不包。越了解宇宙,你就会越"幸运";越认识宇宙,也就能越早地遇到你的"幸运星"。

是知识为您带来"幸运";是书籍为您带来知识;是宇宙为您带来认识世界的能量;"知识"就是您的"幸运星"!

我在高校里开设天文学的公共选修课已经差不多 20 年了,最让我难忘的一件事就是,一次上课前,我照例提前 15 分钟到教室,一进门就看见第一排已经坐了一个男孩子。他见我拿着《天文知识基础》的课本,就走了过来,直接和我握手(还是双手那种)……实话说,当时我有点懵住了!除去做科普讲座、演讲外,上课很少有这种接待规格呀。接着,他对我说:"我是一个纯纯的天文爱好者,盼着上这个课已经很久了。"还没等我回答,他接着又说:"老师,我可是带着很多的问号来上你的课的!"我马上就回答他:"上好我的课,你会带着更多的问号离开的……"这一次轮到他发懵了。我把他拉到黑板前,在黑板上画了一个圆(见图1),然后在圆周上画了若干个问号(?),对他说:"我们做个比喻吧,这个圆的里面代表我们(你)已经知道的天文学知识,而圆的外面,更广阔的区域代表了我们(你)未知的天文学知识。两者交界的地方就是圆周,意味着你只是一知半解的知识,需要进一步学习、理解。我们在圆周上打上问号,代表着我们的疑问所在。因为你只有对问题或现象略知一二,才有可能(有资格)提出问题,打上那些问号呀!根本不懂的知识,你根本就不知道如何提问题,哪来的问号?"他似乎明白了点什么,我接着又在圆圈外面画了一个更大的圆,对他说:"课程结束时,圆里装的东西是不是多啦?圆周长是不是变长了?你是不是会带着更多的问号,离开这个课堂呀?"

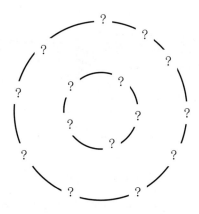

图1　圆内代表已知，圆外代表未知，学习得越多我们的圆就越大，边界（圆周）也就越长，承载的问号也就越多

　　由此想到人类了解、认识宇宙的过程，不是和我们前面画的小圆、大圆、不断变大的一个个的圆一样吗？

　　我们这本书是想为你介绍人类认识宇宙的过程，但是，漫长的人类"宇宙史"是我们一生一世也讲不完的，所以，我们为你抓住宇宙中最吸引眼球的东西："吞噬"物质的黑洞、宇宙"灯塔"脉冲星、拥有超级"能量包"的吸积盘、喷流，当然还有创造宇宙万物的星云、星云团、星际间物质。

目 录

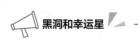

第1章

到底有多少个宇宙

　　根据"大数据"的资料，进入 21 世纪以来，人类的高科技成果中，尤其是基础理论方面的研究，超过 60% 都与宇宙学有关。对一般人来讲，宇宙的深邃、广阔无垠，充满了神秘；对科学家而言，宇宙中的高能量、高密度等条件，是地球上所不可能具备的"实验室"。但是，不管是抱有神秘感的普通人，还是致力于探索的科学家，无论怎样，要想认识宇宙，都需要一步步地走。

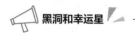

1.1 感受人类认识宇宙的一步步

人类认识宇宙，形状上的"天圆地方"也好、结构上的大象或者乌龟身负大地也罢，这些基本上都是神话（故事），称不上人类真正科学意义上的认识宇宙。我们这里要谈的人类认识宇宙，是"科学"地认识宇宙，需要从人类认识宇宙所建立的各种模型（理论）出发。

1.1.1 感知世界 探测世界 理论世界

人类认识宇宙，认识周围的世界，基本上是通过认识三种不同的、渐进互通的世界来完成的。这就是：感知世界、探测世界和理论世界。

1. 感知世界"控制"了我们

感知世界是我们作为生理学意义上的人，凭借我们的感觉器官所能直接感受到的世界。比如看到、听到、嗅到、尝到、触摸到……以及由它们带来的相关记忆（见图1.1）。我们的思维，大多数时间都沉浸在这个感知世界里。

现实中，我们好像是在这个感知世界里生活，然而实际上，我们每天都会多次触及它的边界，去连通那更深远、更广阔的世界。比如说，朋友打电话来，手机响了，你看到了屏幕提示，接通电话听到了朋友的声音，这些都属于感知世界的一部分。接好电话，如果你是一个爱提问的人，一个充满好奇心的人，你可能就会想：朋友在目力所不及、听力所不及的地方，声音是怎么通过手里的这个"金属塑料盒子"传送过来的呀？这一想，你就已经进入到探测世界了。

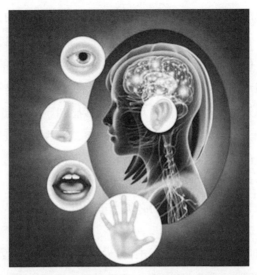

图 1.1　感知世界支配我们的日常生活，也限制了我们的思维

　　探测世界就是我们不能直接意识到它们的存在，但是可以通过间接方法（也就是利用工具）证实其确实存在的部分。比如传播手机信号的电磁波，它们看不见、摸不着、听不到，但是我们可以利用相应的设备去制造、传播和接收它们，确认它们的存在。其实正如我们一直生活在感知世界里一样，我们也一直生活在探测世界里。只不过我们并没有像在意感知世界那样（真实）地在意它。我们的思维都集中在感知世界啦！试想，你在接电话时，头脑所想肯定是朋友说的事情，最多再留意一下他的语气、声调等用来揣测他的情绪，肯定不会去关心朋友说话的声音是怎样传递到你的耳朵里来的之类的问题。

　　这种对探测世界的不在意，是科学思维和非科学思维之间最大的差别所在。我们之中的大多数人，尽管生活在探测世界之中，但一般还是趋向于将它产生的效果归入感知世界中，这就会产生很多奇怪的想法和错觉。我们盯着电脑屏幕，然后进行各种操作，就好像互联网真的就在我们面前。真的是吗？大多数人想想之后就会说，不是的，互联网是通过各种设备、硬件和软件构成的体系，但是，这些现象确实导致我们产生了"真实"存在的错觉。其实这种错觉是构成"体系"的那些"工具"为我们间接造成的。获知电磁信号的存在，我们依赖的是探测世界，它们让我们的感知世界产生了似乎真实的间接感知。同样的事情也会发生在我们头顶的天空，抬头看看那璀璨的夜空，那些星星似乎就是一颗颗镶嵌在天球上的宝石，它们看上去离我们一样远。不对，这是你的感知世界。借助于望远镜，借助于各种方法、理论我们知道，它们和我们之间的距离差距很大。所以，我们必须真正地进入探测世界，去认识和理解大自然以及宇宙的真实存在。

探测世界具有一种被称为"用户友好（user-friendliness）"的"隐藏"特性。所谓"用户友好"，指的是在不需要理解原理的情况下，利用看不见的非实际存在的物体的能力。"用户友好"为日常生活带来了很多便利。但是，我们要想弄清楚这个世界究竟是什么样子，要想探测我们眼睛看不见、耳朵听不到的世界，就需要跨越"用户友好"这层障碍，然后才能认识到"舒服层面"之外的精彩世界。

当然，放弃轻松感知事物所带来的舒适感，听起来可能会让人觉得不太舒服。但是，人类所具有的好奇心，总是能让我们对那些隐藏的事物，对那些我们无法直接看见的世界趋之若鹜。而且，人类思维最强大的力量之一就存在于探测世界中，比起手机、互联网等为我们带来的便利，也许我们更想知道在它们背后真正在发生着什么——无线电波在空气中是如何传播的？嘴和声带是如何发出声音的？声音是怎样承载着电磁波传播的？耳朵又是怎么能听得到声音的？等等。

想了解手机、互联网的功能和如何使用它们并不难，有使用说明书，有懂互联网操作的人为我们演示。可是，我们周围的世界，那些树木、云朵、台风和火山有说明书吗？对大部分人来说，只存在于头脑中的宇宙能有人模拟演示它的运行吗？那么，我们又怎么得知它们是如何"运转"的呢？知道了它们的运转方式后，我们又如何探知和预言它们今后的发展呢？这些，正是科学、科学家努力的方向。

2. 想象力是人类最可贵的存在

试图去了解、认识、利用并推测我们周围的世界，是人类的本能，是人类发展的必然。这种了解，一部分是由我们感知和探测到的事物组成的——仅仅是一部分而已，剩下的部分就是人类智力的集合，即理论。这个纯智力创造的（理论）世界，就是我们所说的三类世界中的最后一类。理论世界将感知世界和探测世界编织在一起，构成了一个清晰的图像。它能够为我们整体地、系统性地解释事物是如何运作的，以及为什么会发生；更重要的是它可以作为我们科学探索的新起点，去创建新思想和新的知识架构。

因此，科学的进程通过理论、探测和感知形成了一个循环。理论能指导探测和感知，感知会对探测结果提出质疑，探测结果可能对理论提出挑战。这个动态的过程是科学最重要的组成部分，同时也是一般大众最不了解、最容易忽视的部分。人们经常谈论理论，学生们学习的知识大部分也是以理论（定理、定律、原理等）形式出现，观测和探测有时候也会在讨论科学问题时被提及，但是，并没有被重视。真正的动力，也就是真正让科学成为科学的动力，是这三类世界的相互一致，也就是它们之间是如何连通，如何影响，怎样产生升华效应的。而这些正是普通大众所不知道的。由此产生了各种神秘，还有对科学和科学家的盲目崇拜，而忽略掉了科学探索的艰辛和努力的过程。这并不是因为科学家想要让自己的工作保持神秘，而是因为很多方面都是科学研究中最难解释的。或者说，在一般大众和科学家之间有着若干的"鸿沟"，或者是交流障碍。这些对科学家、对一般大众，甚至于对科学本身都造成了一定的损害。

学校、社会，教师、家长和科普工作者都在为越过这些"鸿沟"架设桥梁，在使用各种各样的语言和方式去为一般大众克服所谓交流的障碍。那么，我们为什么要花大气力在这些"鸿沟"上架桥呢？为什么我们（包括科学家）不能简单地舍弃可探测的世界和理论世界，而仅仅生活在一个我们看得见、尝得到、摸得着的真实的、可感知的世界呢？看看两个名人（图1.2）给我们的答案——

科学有很多令人着迷之处。我们只是对想要了解的真相进行了小小的投资，就有大量的猜想作为回报。

——马克·吐温

我是依靠想象力任意创作的艺术家。想象力比知识更重要。知识是有限的，而想象力则可以环绕世界。

——阿尔伯特·爱因斯坦

图1.2　马克·吐温和爱因斯坦

马克·吐温当然是一位富有敏锐洞察力的幽默大师，他能将"令人不舒服"的想法具体化为讽刺性的语言。他认为科学家应该跟着事实走，而不是杜撰奇异的理论和痴迷于疯狂的推测。爱因斯坦的观点好像与马克·吐温的观点相反。爱因斯坦认为，天马行空的想象力比与真相相关的知识更重要。但是，知识与想象力之间的鸿沟，本身就是一个错觉，它们之间更像是有一条逐级上升、直到天际的阶梯连接着，就看你有没有本领走上去。前面的两位，他们一位是作家，一位是科学家。似乎一位正徘徊在阶梯的低端，而另一位似乎已经在大众所不能及的云端。作家认为，真相是想象的基础；科学家则认为，想象会揭示真相。

我们姑且先"表面化"地理解马克·吐温的评价，这也代表了一大批没有真正经过科学教育、科学实验的社会人群。这些人由于生活和理解的局限，更愿意简单地去进入生活，去理解世界。为什么在科学研究中我们不能仅遵守事实呢？对于这一群人，他们可能会这样提问。

在科学研究中，我们会面对两类事实，一类直接来自于我们的感觉（感知世界），另一类则来自于实验仪器的测量结果（探测世界）。植物学家去数豆荚中豌豆的数目，这个数目就是感知世界的一部分。当微生物学家用显微镜去测量细菌的长度时，这就属于探测世界的一部分。我们抬头看天上的星星，有的亮、有的暗，这是感知世界；用望远镜加上光度仪去测量每颗星的发光强度（数值），这就属于探测世界。如果你只满足于感知世界，那么，对于豆荚里的豌豆就只能停留在去数它们的个数了，至于为什么它们有的大、有的小。有的饱满、有的干瘪，感知（感觉）世界是无法告诉你的。而通过细节的观测（利用显微镜）可以让你看到它们结构的差异（缺陷所在）。这就是探测世界为我们带来的好处。同样的，望远镜、光度仪也会告诉你天上的星星到底为什么有的亮、有的暗。

探测世界为我们带来的（新）东西，让我们激动不已。但是，也会让我们感到茫然和不安，我们怎么知道显微镜显示的究竟是什么东西？我们又怎能确定这些东西和我们的感知世界所感觉的东西是一回事呢？天上的星星我们怎样去判断它们的亮度？它们为什么能发光？望远镜看到的是什么？光度仪接收的又是什么？难道我们不需要一些解释仪器如何工作的理论吗？理论建立起来了，可以验证实验。但是我们还需要不断地改进、进步，不然，我们就会陷进"探测验证了理论的正确性，理论解释了探测的正确性"的循环（论证）怪圈。所以，在我们理顺了感知世界、探测世界、理论世界的联系之后，我们还不能满足，还是要不断地进行新的科学研究，提升我们认识世界的能力。

人类好奇的天性和不断进取的精神，不允许我们只满足于知道事物、世界的表面现象。就像是一个喜欢"小道消息""流言蜚语"，"爱管闲事"的"迷妹粉丝"一样，科学家是大自然的"粉丝"，他们经过了严格的训练、具有专业的能力和探索世界的方式，去探索未知并得出结论，用这些专业的东西来确保已知的资料得到证实，这就是科学，是一种专业的"爱管闲事"。也可以顺便就把科学家称为"爱管闲事的人"。科学家严谨地运用并检验理论，利用可靠的仪器设备来探测未知世界。有了科学仪器人类就可以有效地进入探测世界。通过合适的硬件和软件，我们不但深入到了双手无法触及的世界，踏进了双脚无法到达的领域，甚至能探测到思维之外的幻想世界。但是，作为一个可靠的连接，我们必须通晓这些仪器的工作原理，知道这些工具是如何进行工作的，更重要的是，清楚它们必须在什么情况下测量结果才是真实可信的。

显微镜和望远镜都是突破了人类先天不足的测量仪器（工具）。那么显微镜究竟是什么？生物学家为什么要用显微镜？望远镜是利用镜头组合来观测遥远物体的仪器，都是什么样的镜头组合在一起？天文学家都是怎样操作望远镜的？阅读一下显微镜和望远镜的说明书，咨询一下生物学家和天文学家，我们就明白：相比于某些哺乳类动物（比如老鹰），人类的眼睛实在是太"低能"了，小于肉眼分辨极限（眼睛的空间分辨能力）的物体，在没有仪器帮助的情况下，我们对它们根本就无从下手（研究），是无能为力的；同样，对于遥远的天体，我们只能通过接收它们发出的电磁辐射来了解、研究它们，眼睛的视野和收集光线的能力都远远不够。我们拿数据说话，我们眼睛的"进光孔"——瞳孔，撑到最大也就是 0.8cm，而一台普通的 24cm 口径的望远镜就是人眼聚光能力的 900 倍。

接收不到（或不足够）天体发出的辐射，我们就没有任何能够用来研究它们的资料、证据、原始材料，这个很好理解；那么，我们为什么一定要看到那些细小的细胞和微生物呢？我们知道，所有生物都是由细胞构成的，了解细胞的结构和功能，我们就能对生物的组成方式、功能原理有基础性的认识，从而做到"知其然更知其所以然"。所以，显微镜帮助我们认识到了生物体的细节；望远镜为我们接收了更多、更广泛的电磁辐射，使得我们有机会全面可靠地进入探测世界。

电磁辐射从微观角度的解释来说，就是电子在绕原子核外轨道上不同能级之间的跃迁（见图 1.3），低能级跃升到高能级需要吸收外界的能量，反之则会放出能量并以电磁辐射的形式输出。能级之间的差值越大，放出（吸收）的能量越多，辐射出的电磁辐射频率越高、波长越短，单个光子的能量越强。

描述和研究电磁辐射一般我们是利用电磁波谱（见图 1.4）。振荡频率最高的是 γ（伽马）射线，也就是说其单个光子所携带的能量最多。接下来是 X 射线、紫外线、可见光、红外线、微波和无线电波。

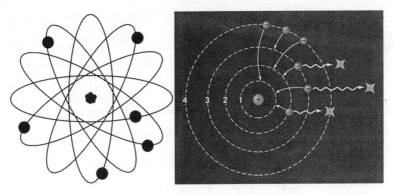

图 1.3　原子核及核外电子的能级跃迁

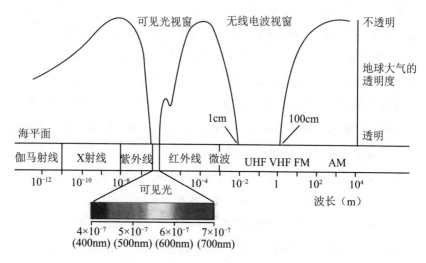

图 1.4　电磁波谱和地球大气窗口

　　人类只有看到可见光的能力，而大部分天体是可以在多个波段发出电磁辐射的。比如，著名的梅西耶天体"蟹状星云（M1）"，它的辐射几乎涵盖了整个电磁波谱范围。你可能会问，既然我们人类只能看见可见光，那除去可见光之外的电磁辐射，对我们研究天体有什么用呢？这样说吧，如果让你了解一个人，你只知道他的身高、体貌，你能懂得他的性格吗？他做事的习惯又如何？如果你要与他一起工作或者生活，那你是不是对他的了解越多、越全面越好呀！好啦，与天文学家一起工作和生活的，就是那些遥远的天体。就拿我们这本书来说吧，所涉猎的天体——黑洞、中子星、γ 射线暴等，在可见光频段是看不到它们的，所以，要利用专门的仪器，要合理有效地让仪器带我们进入它们的探测世界。

　　明白了（人类）自身的局限性和探测仪器的益处之后，我们就会有了解探测世界（真实性）的需求，因为我们只能间接得知这些事实。在成为理论之前，我们可能想要尽量与事实保持一致。可是，有两个原因妨碍了我们的这个想法。一是，探测器中各种各样的瑕疵（如显微镜载物玻片上的杂质或者望远镜镜片的球差）会导致我们接收到的信息失真。用科学术语来说，探测器所探测到的既有信号又有噪声。为了准确测量，我们首先必须弄清楚产生噪声的原因，然后作相应的修正。这就需要有相应的理论来解释探测器是如何工作的。二是，即便用最好的仪器或探测器，我们也只能测量我们想要理解的那部分信息。仪器的局限性和自然规律之间，我们能弄清楚的非常有限。对于遥远的天体，这种限制尤其明显。例如，目前我们只能确定太阳系中其他行星的存在，但还无法确切地知道它们的表面，甚至内部究竟是什么状态，因为我们没有确实可靠的探测手段。

3. 感知世界　探测世界　理论世界"三位一体"

那么，对于我们无法直接测量的物体，如感知世界和探测世界中未知的部分，我们能做哪些工作呢？我们用理论来填补"漏洞"！为了将感知、探测、理论这三个世界组成一个整体，我们需要一些与完整体系有关的理论。这些理论要尽可能简洁、自洽，这就要求人们在创立理论时要尽量简单，同时还要与我们感知和探测的结果相一致。

简洁性主要是从方便人们理解的角度出发的。创造出富有想象力、看起来既完美又辉煌，还能抓住科学家的心的故事可能很容易（比如，追求完美的希腊人创立的地心说）。人们很难放弃这些简洁、完美的理论（与人们很难舍弃任何美丽的物体是同样的道理）。但是，一个科学的理论中必定含有一些被它的创立者和使用者舍弃的内容（地球是宇宙的中心），必定有些内容会受到质疑，如果质疑成功，这部分内容（地心说）就会被抛弃。如果过于依赖某个理论，人们就会背离科学真正的目的。建立理论解释事实，而且所建立的理论不但要能准确预测未来将发生的事情，还要让科学家建造能按照所期望的方式工作的仪器。也可以说，建立理论时简洁、自洽的要求，让人们的思想中避免了很多不必要的附属物而让理论更接近真实。

从实践的角度来说，科学的理论应该预言我们能测量的一些效果。当对这些效果的测量结果与理论预言一致时，会证实或者至少支持这些科学理论；技术的进步会带来更先进的仪器，更好的测量仪器会使测量结果更精确。因此，对理论的证实或者否定是一个持续不断的过程。如果实验结果和理论预言一致，我们就会对理论更有信心。如果实验结果和理论预言不一致——而且，我们能确信实验的设计和操作都是正确的——那么，就该去寻找一个更好的理论（开普勒对第谷观测数据的信任促使他认定火星的绕日轨道是一个椭圆，而不是一个几何上"完美的"圆，并由此确立了行星运动的三大定律）。所以，探测世界和理论世界之间的分界线是变化的。那些目前无法探测到的物体，比如宇宙中神秘的暗物质，在将来就可能变成可探测到。

无论多么努力，想要独自生活在这个事实的世界，都是徒劳的。因为，我们生活在一个三类世界中。感知世界、探测世界和理论世界都是建立在用我们的思维所认识到的基础之上的。每一门科学都由这三个步骤通向这个世界：从观察到探测，再到理论。每个步骤，往前是理解物质世界重要的组成部分，往后则是组成了我们对世界、对生活的理解部分。

天文学是一门很棘手的学科，也是一门从"三个世界"中的相互合作获益颇多的学科。在很多学科中，人们都能直接对实验对象进行操作，并观察实验对象的反应。我们可以在试管中进行化学反应、解剖青蛙或者测量重物下落所需的时间。但在天文学上，对研究对象进行类似的实验、操作几乎是不可能的，或者会受到极大的限制。天文学研究的对象绝大多数是我们只能进行被动观测的遥远天体。这是实际情况，尽管空间探测已经取得了巨大的成功。2017 年，"旅行者 1 号"已经离开太阳风层，飞到了离太阳 208 亿千米的太阳系边缘（见图 1.5），但这也只是到了我们太阳系家族的"家门口（见图 1.6）"，到距离我们最近的恒星，还需要再飞 3 万～4 万年！目前，只完成了这一路程的 1/3000。哈勃空间望远镜可以在距离地表 604 千米的轨道上观测到目前已知的宇宙中最遥远的天体（超过 100 亿光年）。它的极好的观测效果得益于它运行在大气层之外。也就是说，到目前为止除了我们自己所在的太阳系天体，其他的我们都无法前往。只能依赖于观测。

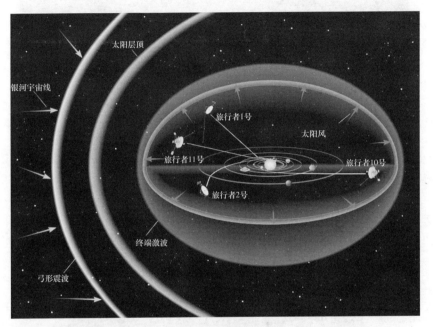

图 1.5　星际空间和太阳系（图中的椭圆就是太阳风能达到的位置——太阳层顶，即太阳系的势力范围）

　　天文学依靠理论世界去填补我们太少的观测数据所带来的不足。的确，很多天体只能通过间接的方法来研究，它们的存在可以用它们产生的效应来推测得知。这种间接性对于两类天体而言是最准确的：黑洞和暗物质。黑洞，是一类引力极强的天体，连光都无法从黑洞中逃逸出来。这也就是我们无法直接看到黑洞的原因（见图 1.7）。暗物质不发光，但可以通过它产生的引力效应来推测它的存在。这种"真实存在但看不见"

的性质让黑洞和暗物质充满了神秘感。

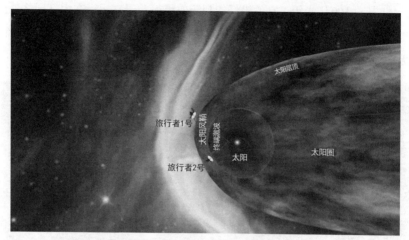

图 1.6　太阳层顶与星际介质形成的弓形震波。一旦飞出弓形震波，就算出了太阳系的家门

图 1.7　黑洞"吸取"它周围空间的星际物质，从而被我们"发现"

　　也并不是因为黑洞和暗物质都是暗天体，我们才会采用间接的方法进行探测，许多对于我们并不神秘的天体，由于其特殊的存在，也使得我们只能采取间接的方式去进行研究。比如，那个照耀了我们几十亿年，我们已经明白它的核反应进程的太阳。如果，要研究它的内部结构，我们也只能依赖于我们接收到的太阳光。而这些太阳光，也只是来源于太阳表面的光球层，真正制造太阳光的热核反应发生在太阳的核心，而那里有我们无法承受的高温、高压。不仅仅是人类，就是我们制造的探测器，目前也无法到达那里。因此，我们对太阳是如何辐射能量的这样一个最基本的事实的理解，是依赖于我们无法直接看到（测量）的太阳内部区域，我们只能通过理论和观测去得到有关太阳的内部结构以及辐射机制的信息。

所以，就我们人类探索宇宙的进程而言，我们也是一步步地延续着感知世界—探测世界—理论世界这样一个逐次递进的循环。

1.1.2　地球　太阳　行星

宇宙，是我们所在的空间，"宇"字的本义是指"上下四方"。 地球是我们的家园；而地球仅是太阳系的第三颗行星；而太阳系又仅仅定居于银河系巨大旋臂的一侧；而银河系，在宇宙所有星系中，也很不起眼……这一切，组成了我们的宇宙：宇宙——是所有天体共同的家园。

宇宙，又是我们所在的时间，"宙"的本意是指"古往今来"。"大爆炸"开创了宇宙；最初的三秒钟形成了最初的元素——氢和氦；太阳仅是恒星家族中的第三代；而我们的家——地球，仅仅形成于宇宙大爆炸之后的 100 多亿年！更加不起眼。

但是，自从有了人类，人类就在不断地探索。探索生命，探索自然，探索我们的世界，探索神秘的宇宙，从未停歇。

一、认识宇宙从我们的脚下开始

认识地球——我们的家，是从认识它的运动和形状入手的。地球的

运动，在丛书的第一册《天与人的对话》中和读者谈论日、月、年的形成时已经涉及了，也就是地球的自转、地月系绕转和地球的公转。这里，我们将和读者一起认识地球的形状。地球的形状还需要认识吗？不是蓝色的圆球吗？不然，怎么会叫地"球"呢！其实，人类认识地球的过程，还真的不是一般人认为和想象的那么简单。

1.平的？圆的？棋盘、圆盾还是金环圈？

在古代，人类活动的地域非常有限，眼界自然也就十分狭窄。每个地方的人都以为自己居住的地方就是世界的中心，当地的自然环境就是世界的面貌。最早的猜想大都出于每个人直观的感受，也就是我们前面所说的"感知世界"，这样地球的形状也就以种种稀奇古怪的故事和神话传说来表达了，萌芽态科学思维同宗教、神话和艺术幻想建立起一种曲折的联系。

"地平说"是对大地形状的最早猜测。古代中国很早就有"天圆地方"的说法（见图1.8）。

后来，人们感到地平说无法解释眼睛看到的一些自然现象，例如地平线下的地方，怎么会隐没不见呢？等等，于是进而把大地设想为不同程度的拱形：圆形的盾牌、倒扣的盘子、半圆的西瓜等。

考古发现的最早地图（见图1.9），是公元前2800多年古巴比伦人用泥土烧制的，残片上除了巴比伦的疆界，还刻着当时的宇宙模型。倒扣的扁盘形大地被水包围着，半圆的天穹覆盖在水上。

在古希腊人的想象中，大地是由"大洋之河"团团围住的圆地，"汹涌的河水在丰饶的地盾边缘上翻滚""在海洋的边缘上，张起了圆形的天幕似的天穹"。在古希腊地图上，从地中海通向大西洋的直布罗陀海峡处，总画着希腊神话中的巨人安泰，左手举起的警示牌写着："到此止步，勿再前进！"当时的人都很相信，船到大西洋就会随同海水一起跌进无底深渊。在公元前1世纪，有个叫做波斯顿尼亚的人，壮着胆特地把船开

图1.8 地像方形棋盘

图1.9 古巴比伦人用泥土烧制的地图的残片

到西班牙附近的海域，想听听太阳降落入大西洋时是否有嘶嘶声，他想象，那应该就像一只烧红的铁球跌进水里时常有的那种响声。

古罗马时代盛行"地环说"，那是因为罗马帝国的疆土主要是环绕地中海而展开的（见图1.10）。地中海的本义，原是"大地中央的海洋"之意。古罗马人由此认为，大地的四周和中央都是水，陆地的形状就像罗马皇帝腰上系着的那根阔边金环带。

2."您首先拥抱了我！"

公元前6世纪，古希腊的毕达哥拉斯学派最早提出西方的"地球说"猜测。他们常常结伴登上高山观察日出日没，在曙光和暮色之中，发现进出港的远方航船，船桅和船身不是同时出现或隐没。而且，古希腊人崇尚美学原则，许多学者认为既然地球是宇宙中心，那它的形状一定是

17

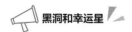
宇宙中最完美的立体图形——圆球体。200多年后，大学者亚里士多德从逻辑上更为自洽地论证了"地球说"。他注意到月食时大地投射到月亮上的影子是圆的（见图1.11），由此推测大地是球体。

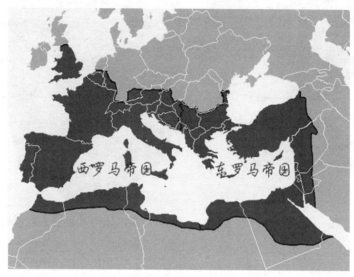

图1.10　罗马帝国的疆土是环绕地中海的，像一条"阔边金环带"。地中海"名副其实"地成了罗马帝国的内海

图1.11　随着月食的进程，地球投到月球表面的影子逐渐形成一个圆

中国春秋战国时期也已出现"地球说"的萌芽思想。诡辩学派的代表人物惠施，就提出过"南方有穷而无穷"的命题。别人问他大地中央在哪里？回答是："在北方燕山的北面，南方越南的南面。"显然已有球形大地的想法。而"南辕北辙"的典故，原本是讥笑"地球说"这一天才猜测的（见图 1.12）。与其说它具有走错方向的贬义，也可能是某个"高人"在驾着马车绕地球一圈，尝试证明地球是圆的。

图 1.12　庄子为我们讲述了"南辕北辙"的故事

在古代就已精确测量出地球实际大小的人，是希腊时代亚历山大里亚城的埃拉托色尼。他推算出地球圆周长 39600 千米，同现代值仅差 400 千米，真让现代人惊叹不已！他的方法既简单又巧妙。他发现，在锡恩（今埃及阿斯旺）的夏至那天正午，太阳正临头顶，阳光直射井底。与此同时刻，在它的正北方 920 千米外的亚历山大港，立地的长棒与太阳照射方向成 7.2° 角（见图 1.13）。他认为太阳很远，光线可以看成是平行的。经简单的几何运算，便得到地球半径和周长等数值。

地球说大大超出常人的想象力，因此长期以来难以流行。直至 21 世纪的今日，即使在科技最发达的美国，仍然有人不相信地球说（比如，著名的 NBA 球星，目前效力于篮网队的欧文），很多年前就成立的"地平说笃信者协会"，现在仍有会员 100 多人。在中世纪的欧洲，因为地球说同圣经教义相悖，更受到教会最激烈的反对和镇压。有个名叫甫拉克

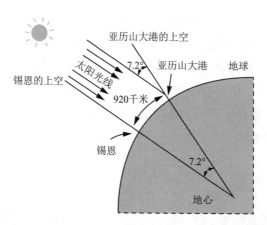

图 1.13　图中的两个角是相等的，所以，地球半径和周长等数值可按比例计算得到

丹的神甫气愤地说："难道真有这样的疯子吗？！ 他们竟会认为有头朝下脚向上走路的人，花草树木向下生长，而雨水冰雹却向上降落？"（见图 1.14）因为主张地球说，13 世纪的英国思想家培根先后被囚禁了 15 年；1327 年意大利学者阿斯科里被罗马宗教裁判所活活烧死。例子不胜枚举。但真理是绝不会屈服于强权的。15 世纪以来，由于欧洲市场经济发展的迫切需要，以中国发明的指南针西传为契机，开始了地理大发现的时代。"地球说"使航海探险家们相信，由欧洲往西航行可以缩短到达中国、日本和印度的航线，同时，他们的实践最终证实了"地球说"的真实性。

　　1492 年 8 月初，意大利航海家哥伦布受西班牙国王之命，率船 3 艘，从巴罗斯港出发，西渡大西洋，为的是到印度去寻找香料和黄金，结果"种豆得瓜"，无意之中来到了美洲新大陆。但他至死还以为自己登陆的地方就是印度东海岸，因此把那里的土著居民称为"印第安人"。由此可见哥伦布对"地球说"观念的执着程度。1519 年 9 月，葡萄牙航海家麦哲伦在西班牙国王资助下，率领 5 艘大船和 265 个海员，从西班牙桑路卡尔港

图 1.14　"头朝下"的小朋友们似乎也生活得很愉快

出发向西寻找东方的香料群岛。船队历尽艰难险阻，麦哲伦本人也死在途中。1522 年 9 月 7 日远征队回到西班牙塞维利亚港时，仅剩"维多利亚号"上 18 名疲惫不堪的海员了。麦哲伦船队首次环球航行成功，最终结束了几千年来关于大地形状的种种争议。西班牙国王奖给凯旋的远航勇士们一个精美的地球仪（见图 1.15），上面镌刻着一行意味深长的题词："您首先拥抱了我！"

3. 西瓜、香瓜还是橘子？

16 世纪法兰西国王的御医、地理学家斐纳曾这样评价伟大的地理大发现：我们时代的航海家，给了我们一个新的地球。这是人类认识大地形状的第一次飞跃。但问题又来了：地球是个什么样的球体呢？

恰好，这一期间发生了奇怪的"摆钟事件"和"青鱼悬案"，闹得欧洲沸沸扬扬。

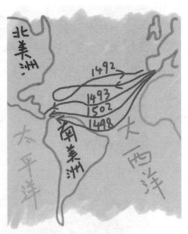

图 1.15　位于巴塞罗那的"哥伦布"广场、哥伦布四次航海的路线图以及西班牙国王的"精美地球仪"

　　1672 年，巴黎科学院派遣天文学家里希尔赴南美洲法属圭亚那首府卡宴（西经 52.5°，北纬 5°）进行天文观测。他在那里发现，随身携带的一架本很精确的摆钟比在巴黎时每昼夜慢 2 分 28 秒，于是调整了摆的长度。想不到回巴黎后，又快了 2 分 28 秒。他推测，这种奇怪现象很可能是由于地球并非是一个标准圆球体而产生的。但是那些不敢正视事实的"权威"们，反而攻击里希尔"违背科学"，甚至把他赶出了巴黎科学院。

　　一波未平一波又起。一艘满载 5 千吨青鱼的荷兰渔船，经半个多月的航行，从鹿特丹来到非洲赤道附近的一个城市。在货物过磅时，竟发现有 19 吨青鱼不翼而飞。这条船在航行中从未靠过岸，而且包装和件数都原封不动，显然不是失窃所为。"难道鱼儿游回了大海？"船长百思不得其解。原来，这也是地球开的玩笑。

但是，正当法国人把里希尔视为"科学垃圾"清除之际，有两个人却在"垃圾"中发现了黄金的闪光，那就是英国的牛顿和荷兰著名天文学家惠更斯。他们不谋而合地指出，这一发现证实了他们原先的猜测：地球在自转惯性离心力作用下，应该是两极稍扁、赤道略鼓的椭球体。尤其是牛顿，深知进一步搞清地球形状和大小的重要性。由于牛顿早期采用的地球半径测定值比实际值小了 3%，结果引力计算值比实测值大 1/6，这成了牛顿万有引力假说搁浅了整整 20 年后发表的重要原因。1668—1670 年，法国天文学家皮卡尔创新大地测量方法，采用带测微器的望远镜和象限仪在巴黎附近精确测定了地球子午线上 1° 弧长。他还指出，地球并非标准球体。牛顿利用皮卡尔于 1671 年求得的地球半径数据完成了引力理论的月—地检验，才下决心公开发表万有引力理论。

牛顿指出，如果地球不是旋转体，单纯的吸引力会使它成为正球形，但是地球是个旋转体，每一质点都同时处于向心力和离心力的合力作用下。南极和北极的向心力最大；反之，赤道处离心力最大。这样，两极处就受到压缩而赤道处得以扩张，于是地球形状就成了扁球体。同时，他在望远镜观测中发现木星和土星都是扁球状（见图 1.16），他认为地球也不会例外。

牛顿扁球说在法国掀起了轩然大波。巴黎科学院有批人原本坚决反对牛顿引力理论，现在又激烈攻击他主张的扁球说。1683—1716 年间，巴黎天文台台长卡西尼父子在法国南部佩皮尼昂和北部敦刻尔克作了两次很粗糙的地球子午线测量，就断言"地球顺着旋转轴伸长"。他说："地球形状并不像橘子，倒很像香瓜。（见图 1.17）"

图 1.16　旋转中的木星和土星都是扁球体

图 1.17　橘子说："伟大的牛顿说了，地球像我"！香瓜说："不对，我们的人测量过，地球像我。"

　　这场"英国橘子"和"法国香瓜"的激烈论战从 17 世纪开始，差不多延续了半个多世纪。为裁决争端，法国国王路易十五授权巴黎科学院派出两支远征队，分赴赤道和北极地区，以便在相距甚远的两个地点测量和比较地球子午线上 1° 的弧长。

1735 年，由布棘格和拉康达明率领的一队远涉重洋，到达南美的秘鲁和厄瓜多尔的安第斯山地区（南纬 1° 31′）。第二年，由著名数学家莫泊丢和克莱罗率队赴芬兰与瑞典北部的拉普兰平原（北纬 66° 20′），2 年后测得当地子午线 1° 之长为 57422 "督亚士"（ Toise，法国古尺；约合 111918 米）。往南的远征队由于碰上当地内战等种种阻挠，历尽 10 年艰辛，最后测得当地子午线 1° 之长为 56748 "督亚士"（约合 110604 米）。比较两地观测数据后表明，牛顿的推测是正确的。莫泊丢本来怀疑牛顿的见解，现在也完全信服了。于是 "橘子派" 大获全胜。大哲学家伏尔泰当时评论说，这两个远征队用最雄辩的事实，终于把（地球）两极和（两个）卡西尼都一起压下去了。

4. 梨子和橘子到底哪个更 "甜"

牛顿从地球内部物质均匀分布的假设来简化处理地球形状，得到的是理想化的标准模型。真实的地球形状是怎样的呢？

1743 年，"橘子派" 的克莱罗发表经典著作《地球外形的理论》，他假设：地球内部物质因分层而不均匀，其密度由地表向中心逐渐增大。虽然他计算得到的地球在海平面的形状同牛顿扁球模型基本相同，仅差 200 多英尺（约 60.95 米），却开创了地球形状认识史的数学研究新阶段。1828 年，德国大数学家高斯在总结哥廷根和阿里顿两个天文台的纬度差测定时，又开始怀疑扁球体不能表示地球真实形状。但是（由于观测技术的原因）这在当时仍是难以解答的科学问题。

20 世纪以前对地球形状和大小的研究，主要是绘制地图和航海的迫切需要推动的，对牛顿扁球体标准模型的误差尚能容忍。但是，大致从 20 世纪开始，更精确测定地球形状，对于诸多领域如地球内部物质结构研究、引力场研究，特别是对空间技术和军事上远程导弹轨道的研究越来越重要，亟待进一步完善和发展。

20 世纪初，开始了大规模海洋重力测定的研究。而在此以前，地球形状学研究主要采用传统的天文—大地测量、陆地重力加速度测量和月球—地球动力学测量。1901 年，德国的赫尔默特首创海上重力测定。荷兰的梅内斯 1923—1934 年间率领远征队乘潜艇在各大洋游弋，测定了近千个点的重力值，奠定了现代海洋重力学基础。

　　1957 年人造地球卫星上天以后，认识地球的手段发生了全新变化。借助遥感卫星和全球卫星定位系统，开创了精确观测地球的新时代。勘测发现世界大洋表面确非球面形状，隆起和凹陷的落差近 200 米，几乎是尼亚加拉大瀑布的 4 倍。目前探明至少存在 3 块较大隆起的区域：澳大利亚东北的太平洋水面，隆起区高 76 米；北大西洋的南伊斯兰附近隆起68 米；非洲大陆东南洋面高出 48 米。有趣的是，相对应的洋面凹陷区域也有 3 块，它们是：印度半岛以南洋面，凹陷深达 112 米；加勒比海地区陷进约 64 米；加利福尼亚以西洋面下降 56 米（见图 1.18）。而且，这些地区的面积直径都在 3000 ~ 5000 千米。

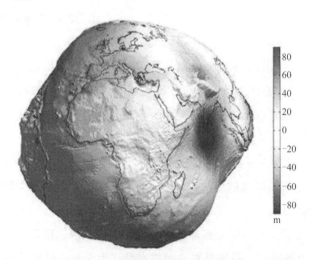

图 1.18　地球不是圆的！请允许我们夸张一点表示地球三大隆起和凹陷的地方，那地球看上去还真的有点"丑"，更别说是圆的了。不过，这只是高精度测量的需求，对于我们一般大众，地球当然是圆的！

1975 年 9 月，第 18 届国际大地测量学和地球物理学联合会通过决议，向国际社会郑重推荐大地测量常数元素值。其中有：地球赤道半径（6378140 ± 5）米；极半径（6356755 ± 5）米；扁平率的倒数（298275 ± 1.5）× 10^{-3}。

从人造地球卫星资料中发现，地球赤道横截面也不是正圆，而是卵圆形，它的长半径和短半径相差 427 米，在西经 15° 处最宽。科学界据此认定：地球是经线圈和赤道圈都为椭圆面的三轴椭球体。

20 世纪 80 年代以来，又发现"椭球说"并不尽然。分析人造地球卫星轨道数据后发现，南北半球实际上是不对称的，相对而言，北半球尖且小，南半球底部凹而大。与标准椭球体表面形状相比，南极大陆水准面比基准面凹进 24 ~ 30 米；而北极大地又高出基准面 14 ~ 19 米。其他部位也有这种差异。从赤道到南纬 60° 之间是隆出，而从赤道到北纬 45° 之间是凹进。也就是说，整个地球形状像一只正放的大鸭梨。

5. 地球是只变化的梨子，大小形状都在变

"梨子模型"的建立没有终结人类的认识，这不仅因为模型只是对原型的近似，更由于地球本身是永恒变化的。现在观测到的总趋势是：南半球膨胀，北半球收缩。近年来，上海天文台等单位发现，北半球的纬度圈每年缩小不到 1 厘米，南半球纬度圈每年扩大 1 厘米多。1 厘米长短的变化很小，但天长地久的累积，也就不可小觑了。

以信息高速公路网和国家数据基础设施为依托，1998 年 2 月在美国出现了"数字地球"（见图 1.19）的概念。1999 年 11 月 29 日至 12 月 2 日，来自 25 个国家和地区的 400 多名中外科学家在北京召开了首次数字地球国际会议。数字地球是对真实地球及其相关现象统一性的数字化表示，其核心思想：一是用数字化手段重现海量地球数据的、多分辨率的、三维的和动态的地球；二是最大限度地利用地球信息资源。

图 1.19　数字地球

目前，人类已积累了有关地球表面的大量原始数据和相应资料，包括难以计数的各类数字化地理基础图、专题图和地籍图等，已有足够的条件和能力构建"数字地球"。在不远的将来，任何人都可以坐在电脑前轻轻点击鼠标（或不再用鼠标），通过一定程序身临其境似地看到（或"触摸"）地球上任何一个地方的三维图像，查阅详细的数据。

三维测绘数据将用于军事和民用。在非军事领域，可以用来观测地震断层，对潜在的熔岩流、山崩和水灾进行模拟，规划桥梁、大坝和管道的建设，改进航线规划、导航以及移动电话通信塔的布局等，甚至还可以帮助那些徒步背包的旅行者。

但是，数字地球的构建并不意味着人类将一劳永逸地终结对地球的认识，而是要不断跟踪和记录地球变化的动态。目前科学家们认为，引起地球形状变化的主要因素有很多。**第一**，每年沉降于地表的宇宙尘埃在 1 万～10 万吨。英国天体物理学家埃吉德估计，地球半径从地质时期开始以每年 0.5 毫米的速率递增，而地表的水面积正在减少。**第二**，已知地球自转速度有 3 种变化：长期减慢、不规则变化和周期变化。地球自转速度每 10 万年大约减慢 2 秒，长期减慢使扁率趋于变小。**第三**，地球内部熔融态物质的不断运移，是其形貌改观的内在动因。现代板块构造学说认为，地球内部地幔物质对流会导致岩石圈大规模水平移动，产生大陆漂移和海洋扩展。**第四**，太阳和月球的引潮力作用不仅造成江湖河海涨落的潮汐，还会引起"固体潮"，使地表出现几十厘米的上下波动。**第五**，人类修理地球、改造自然的种种实践活动，也给地球形状变化打上了"人化"的印记。美国著名科普作家阿西莫夫说：从宇宙空间观看地球时，它不像个梨，也不像个鸡蛋，而像一个很圆的球。最好还是把它说成是一个不规则的球体。

我们脚下的地球，它的实际形状不规则的原因、变化趋势和影响因素，仍然是有待人类深入探索的自然之谜。

二、人类一切的源泉——太阳

太阳就是日（见图 1.20），古代有个叫后羿的人能把它射下来。

图 1.20　我们的太阳

它其实是个由氢和氦组成的星球；它是很热的，表面6000多摄氏度吧，内核温度更高；它每隔11年就会爆发太阳黑子，还有日珥之类的，它会吹太阳风，还会不定期地爆发耀斑；另外，它还能活50亿年左右。

1. 神话太阳

中国传统神话中的太阳神有六位，他们分别是：羲和、炎帝神农氏、日主、东皇太一、东君、太阳星君。除此之外，太阳还有众多的别称：白驹、金虎、赤乌、阳乌、金乌、金轮、赤日、素日、火轮等。

原始人类关注最多的两大主题就是生与死。生是一种永恒的渴望；而关注死，是希望再生。因此古代先民们对具有长生不死以及死而复生能力的万物非常崇拜。太阳每天清晨从东方升起（重生），给自然以光明和温暖，傍晚从西边落下（死亡），给自然以黑暗与死寂，具有死而复生的能力，给万物以生机；同时先民的农耕生产，特别是稻作生产对阳光的需求和依赖，希望太阳多给人们一些光和热，让人们有吃有穿、身体健康。先民们就自然而然地对"生生之谓易"的太阳产生了敬畏的心理，而萌发了崇拜太阳的思想。古人崇拜太阳，必然要仔细观察太阳，研究太阳的运动。而阴阳二字就是对太阳运动（生与死）的形象白描。白天，太阳升起（生），光芒四射属阳字表述的意蕴，自然界呈现一派生机与活力。黑夜，太阳落山（死），光芒被遮属阴字表述的意蕴，自然界呈现一派死寂与萧条。于是自然而然地就形成了自然界万事万物就是在太阳的生与死即阳与阴的变化中而变化着的，自然而然地太阳就上升到宇宙主宰之神的地位。

和中国一样，几乎世界上的各个民族都将太阳尊崇为神。闻名于世的埃及吉萨金字塔，每当春分这一天，它们的一个底边刚好指向太阳升起的地方。太阳享受的尊敬不仅来自古埃及人，太阳神阿波罗的大名直到今天还被用到宇宙飞行器的命名上。

希腊神话里赫利乌斯，是驾着太阳车的太阳神，他是太阳的化身和拟人化。他每天驾驶着四匹火马拉的太阳车划过天空（见图 1.21），给世界带来光明。阿波罗是光明之神。

图 1.21　驾着马车驰骋天空为人类带来光明的太阳神赫利乌斯

两河流域的苏美尔，是世界上文明最早起源的地方，他们的太阳神是乌图。拉（Ra）是埃及神话中的太阳神，古埃及最著名的太阳神，中王国和新王国时代握有绝对的权威。

多少世纪过去了，很少有自然现象能像遮挡了太阳的日食那样引起人们既恐惧又崇敬的心理。古时，中国人每逢日食便燃放爆竹、敲打铜锣，恐吓驱赶吞吃太阳的妖精。在马克·吐温的笔下，日食却救了一个叫康涅狄格的美国佬。那个人知道要发生日全食，于是趁太阳消失之机，从阿瑟王的骑士手中逃了出来，逃脱了被烧死在火刑柱上的厄运。

2. 感知太阳

太阳像一个炽热的大火球，光耀炫目。它每时每刻都在辐射出巨大的能量，给我们的地球带来光和热。而且太阳已经这样辉煌地闪耀了几十亿年！

很早以前，人们就在思索：太阳所发出的巨大能量是怎么来的呢？

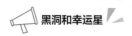

显然，不可能是一般的燃烧。因为即使太阳完全是由氧和质量最好的煤组成的，那也只能维持燃烧 2500 年。而太阳的年龄要长得多，是以数十亿年来计算的。

19 世纪，有些科学家还认为太阳会发光，是陨星落在太阳上所产生的热量、化学反应、放射性元素的蜕变等引起的，但所有这些都不能解释太阳长期以来所发出的巨大能量。

1938 年，人们发现了原子核反应，终于解开了太阳能源之谜。太阳所发出的惊人的能量，实际上是来自原子核的内部。原来太阳含有极为丰富的氢元素，在太阳中心的高温（1550 万度）、高压条件下，这些氢原子核互相作用，结合形成氦原子核，同时释放出大量的光和热。因此，在太阳上所发生的并不是一般人所想象的燃烧过程。太阳内部进行着的氢转变为氦的热核反应，是太阳巨大能量的源泉。这种热核反应所消耗的氢，在太阳上极为丰富。太阳上贮藏的氢至少还可以供给太阳继续像现在这样辉煌地闪耀 50 亿年，持续发射出它那巨量的光和热来！

感知太阳，是一个实际而艰辛的过程。太阳的光、热和运动是我们能直接观测到的太阳最明显的三个方面。关于运动，我们在谈论年、月、日时，已经把对太阳运动的感知付诸我们的日常生活中。伟大的开普勒和牛顿，也将太阳的运动理论归纳为开普勒行星三定律和万有引力定律。我们进一步需要了解的就是：太阳来自哪里？又将去往何处？为什么热核反应能支持太阳这么多年的发光、发热？

现在我们知道，太阳有诞生、成长和死亡等过程。而且，通过对这些过程的学习和研究，让我们认识到了太阳的巨大！它距离我们 150000000 千米；它的质量约为 1990000000000000000000000000000000 千克；表面温度 5800 度；核心温度约为 15500000 度，输出功率约为 400000000000000000000000000 千瓦。好吧，你现在体验到什么叫做"天文数字"了吧！处理它们我们一般是使用科学式计数，或者是使用特殊单位。

比如，地球到太阳的距离可以表示为 1.5×10^8 千米，这样就表达了 15 后面的 7 个 "0"；太阳的质量就是 1.99×10^{30} 千克；输出功率为 4×10^{28} 瓦特。天文学中，也把日地距离称为一个天文单位 AU（Astronomical Unit），$1AU=1.5 \times 10^8$ 千米。比它更大的单位还有光年（l.y., light year），再大还有秒差距，它是 "视差法" 测量天体距离时使用的单位，1 秒差距 = 3.26 光年。

得到了 AU 的数值，我们就可以通过测量太阳的角直径得到太阳的大小；同样的道理，我们可以通过测量太阳光照射到地球上 1 平方米的面积上的功率来得到太阳的总输出功率。再通过计算，我们就可以得到太阳的表面温度。至于太阳的质量，我们可以依据牛顿的万有引力公式计算得到。

我们还需知道太阳的物质组成。探测太阳的物质构成是通过对太阳的光谱进行光谱分析而完成的。结果是：太阳最主要的成分是氢和氦，其中氢约占太阳质量的74%，氦约占25%弱，其他的元素占了最后的1%强。

太阳能量产生的过程包含了一系列的核反应过程。总的效果是 4 个氢原子聚变合成为一个氦原子，多出来的一点点质量以能量的形式（发光、发热）辐射出去。这样的反应只能是发生在太阳的核心区，因为只有那里才具备完成核聚变所需的几百万度的高温。

你可能会问，这样的过程，天文学家是怎么知道的呢？答案是来源于观测和太阳的理论模型。太阳模型是关于太阳结构的详细理论。在太阳模型中，将太阳看作是一系列由核心到表面分布的同心薄球层组成的，每个薄球层都有相应的温度、密度和压力。为了使得理论模型和实际的观测结果相吻合，太阳模型需要满足一系列的限制条件，也就是达到一系列的平衡条件。最主要的有 4 个方面：

（1）流体静力学平衡：每层物质所受向外的压力必须和向内的引力平衡。

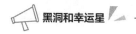

（2）能量输运：就每层物质而言，其自身产生的能量加上进入该层的能量必须等于从这层物质发出的能量。换句话说，从太阳每个薄球层发出的能量必须等于进入该层物质的能量加上该层物质自身产生的能量，也就是说，能量不能"停留"。

（3）核聚变反应：太阳核心进行的核聚变反应必须以和实验室测量到的相同的速度进行，因为他们必须是相同的反应。

（4）太阳模型必须给出正确的太阳质量、光度（发光强度）和表面温度值。因为这些都是已知的确定值。

在确立太阳的能量来源于核聚变之前，科学家们也做过很多的实验。最著名的就是"开尔文－亥姆霍兹机制"测定实验。假定有一个质量和太阳相同的、弥漫分布的气体云（在宇宙中很多），坍缩到和太阳一样大，并且密度均匀，那么，这个过程中，每千克物质释放的总能量大约是天然气释放热量的 1000 倍。这个过程中释放的总能量足够太阳发光 1000 万年。这个时标显然比太阳燃烧传统燃料的时标要长得多。然而，地质学和进化学都告诉我们，这，还远远不够！点燃核聚变"火花"的是英国的天文学家艾丁顿，他在 20 世纪 20 年代首次提出，太阳的能量来自于核聚变反应。人们还应该能记得，也是他成功测量到了太阳周围的光线发生弯曲，从而证明了爱因斯坦的广义相对论。1938 年美国物理学家贝特彻底解释了核聚变的发生过程，成为了核物理领域的先驱，也获得了 1967 年的诺贝尔物理学奖。

3. 真实太阳

太阳是位于太阳系中心的恒星，它几乎是热等离子体与磁场交织着的一个理想球体。其直径大约是 1392000 千米，相当于地球直径的 109 倍；质量大约是 1.99×10^{30} 千克（是地球质量的 330 000 倍），约占太阳系总质量的 99.865%。从化学组成来看，太阳质量的大约四分之三是氢，剩下的几乎都是氦，包括氧、碳、氖、铁和其他的重元素质量少于 2%。

太阳的恒星光谱分类为 G 型主序星（G2V）。（G2V）表示太阳的光谱分类类型，标示中的 G2 表示其表面温度大约是 5778K；V 则表示太阳像其他大多数的恒星一样，是一颗主序星，它的能量来自于氢聚变成氦的核聚变反应。太阳本身的色彩是白色的，但因为其在可见光的频谱中黄绿色的部分最为强烈，从地球表面观看时，大气层的散射使天空成为蓝色，所以透过大气后的太阳呈现黄色，因而被非正式地称为"黄矮星"（黄是我们看上去的太阳颜色，矮星是说在恒星序列里太阳属于中等偏小的）。太阳的核心每秒钟燃烧 6 亿 2000 万吨的氢（见图 1.22）。

太阳一度被天文学家认为是一颗微小平凡的恒星，但因为银河系内大部分的恒星都是红矮星，所以，现在认为太阳比 85% 的恒星都要明亮。太阳的绝对星等是 +4.83，但是由于其非常靠近地球，因此从地球上来看，它是天空中最亮的天体，视星等达到 -26.74。太阳高温的日

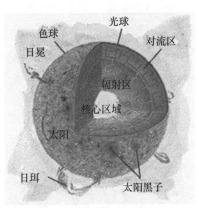

图 1.22　太阳

冕持续向太空中"吹送"能量，产生的太阳风可延伸到 100 天文单位远的太阳层顶。这个太阳风形成的"气泡"称为太阳圈，是太阳系中最大的连续结构（见图 1.6）。

太阳目前正在穿越银河系内部边缘猎户臂的本地泡区中的本星际云。在距离地球 17 光年的距离内有 50 个最邻近的恒星系（最接近的一个是一颗红矮星，被称为半人马座的比邻星，距太阳大约 4.2 光年），太阳的质量在这些恒星中排在第四。太阳在距离银河中心 24 000 ~ 26 000 光年的距离上绕着银河系中心（那里是一个巨大的黑洞）公转，从银河北极鸟瞰，太阳沿顺时针轨道运行，2 亿 2500 万 ~ 2 亿 5000 万年绕行一周。

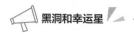

由于银河系在宇宙微波背景辐射（CMB）中以 550 千米 / 秒的速度朝向长蛇座的方向运动，这两个速度合成之后，太阳相对于 CMB 的速度是 370 千米 / 秒，朝向巨爵座或狮子座的方向运动。

地球围绕太阳公转的轨道是椭圆形的，每年 1 月离太阳最近（称为近日点），7 月最远（称为远日点），平均距离是 1 亿 4960 万千米。以平均距离算，光从太阳到地球大约需要经过 8 分 19 秒。

太阳表面又叫光球层，那里的温度较低，只有 5500 度。太阳释放出的能量会造成太阳上的风暴，能量的一部分被高速粒子带到太空之中。当风暴吹向地球的时候，地球磁场由于受到它们的干扰而变成泪球的形状。来自太阳表面的能量还以可见光、紫外线和 X 射线的形式向地球辐射，它们的力量足以穿透地球的大气层，其功率竟高达 100 万千瓦！也就是说，地球上每平方米都受到 1.35 千瓦来自太阳的辐射（见图 1.23），天文学中这个数字叫做太阳常数。

图 1.23　太阳风对人类的影响很大，看看我手里的东西，不是都需要太阳（风）吗?

有了太阳能，植物赖以生长的光合作用才能进行；也正是这种太阳能储存在已经变成矿物燃料的古生物中，为我们提供了煤和石油。阳光给地球送来了热量，促使大气循环、海水蒸发，形成云和雨。在大气层中，太阳能撞击 2 个氧原子，使它们变成由 3 个氧原子组成的臭氧分子。臭氧层挡住了来自太阳的大部分紫外线，那一小部分透过臭氧层的紫外线，虽能使爱健美的人晒得黝黑，但若照射的时间过长，却会诱发皮肤癌。阳光是地球最可靠的热源，35 亿年以来，它使地球温度的变化范围很小，这对维持生命的存在是十分必要的，因为来自太阳的能量无论变多了还是变少了，都会对我们居住的行星产生深刻的影响。

太阳的活动，如热核反应等，直接影响着地球的气候。而依靠太阳生存的古老地球，在 50 亿年以后将会随着太阳上大部分物质被耗尽和被稀释到极限而消失。根据太阳的颜色和发出的光，人们可以估计出太阳的温度。目前已知的太阳内部温度高达 1550 万度，其内核密度为每立方厘米 150 克，几乎是铂密度的 8 倍。

太阳辐射是呈周期性的。在某一个周期开始的时候，太阳相对"平静"，这时太阳磁场明显地出现偶极性，这种偶极性与地球磁场极性相似，但磁强度比地磁强得多。太阳黑子活动（与太阳磁场相关联）有周期性增多的现象，周期长度为 11 年。

黑子比它周围的温度低 2000 度，所以，在明亮的太阳上看起来就像一个污点或一块黑斑。有时候，黑子或它的旁边也会出现极明亮的斑点，就像草原野火一样，很快就笼罩了几十万平方千米的面积。这就是不常见的太阳耀斑，它的温度高达 2000 万度，所以显得格外耀眼。耀斑是发生在黑子区域的大爆炸，它把光和热以及几十亿吨物质射入太空。

黑子和耀斑是太阳表现不安分的信号，预示太阳活动高峰即将来临。耀斑发生会使得大量的 X 射线和紫外线以光速光临地球大气层；然后是高能质子开始到达；最后是低能质子和电子也辐射到地球。对地球来说，耀斑效应是具有破坏性的。短波无线电信号会被干扰，卫星通信无法正常进行。耀斑在大气层产生强有力的瞬变磁场，在广播线和电力传输线

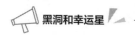

中诱发瞬间电流。

北极光，就是太阳耀斑的一个杰作。耀斑喷射的高能电子来到大气层后，在地球磁场的作用下偏离了原来的方向。因为磁力线对南北两极的保护作用很小，所以电子聚向这两个地区的上空。和人类设计的霓虹灯原理类似，电子撞击氧原子，使它们发出红光和绿光。

除了黑子和耀斑，太阳上白热化的气体还能形成巨大的环，射向几万千米的空中。这就是日珥，也就是太阳戴的"耳环"。日珥现象有时可以持续几个月才消失（见图 1.24）。在日全食的时候，还可以观察到日冕。由几十亿吨白热体组成的日冕偶尔也能脱离太阳的控制，以每小时 320 万千米的速度飞向太空。

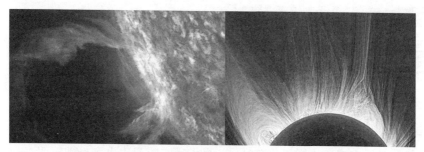

图 1.24　巨大的日珥就像是太阳表面刮起的龙卷风

在太阳活动高峰期，地球大气层受到大量来自太阳的粒子的冲击。它们以 100 万安培的电流强度强行突破大气层，产生的强磁场给地球居民带来了麻烦和灾难。

当太阳上的氢消耗得所剩无几之时，它将膨胀成一个巨大无比的红色"气球"（红巨星）。胀出的部分将会吞没水星或许还有金星，即使地球还不至于被火葬，强烈的热辐射也足以使地球上的海洋沸腾蒸干，地球上将不复有生命存在。不过，这场宇宙大劫难在 50 亿年内并不会发生，这就给了我们足够的时间揭开离我们最近的恒星的奥秘，寻找拯救地球的诺亚方舟了。

三、追寻"流浪者"的脚步

在一次天文学讲座中,一个小姑娘举手站起来向我提问:"老师,金星上都是金子吗?水星靠太阳那么近,水星上真的有很多水吗?"实际上,这涉及金木水火土五大行星的命名,这一工作是写《史记》的司马迁做的,基本原理是按照星相学中的"五行(金木水火土)"配"五(大行)星"而来的;而大行星在希腊人眼里被视为"流浪者",它们的命名都是来自希腊神话。

1. 五大行星的发现

在人类认识宇宙的历程中,数个世纪以来对那些行星——恒星背景上的漫步者——的发现和研究是很精彩的故事,也是人类认识宇宙的起点。

在太阳系已被确定的八大行星中,有五个是可以用肉眼看见的。由于它们的"流浪",所以,古人们很早就注意和研究了它们。但是,关于水金火木土的"发现权"问题,似乎很少有人提及,也没有什么定论,因为人类早年的天文学典籍早已遗失殆尽。最早的天文学的起源顺序为:古埃及、古印度、中国、古巴比伦。中国还有现存文献,其他三国的早已毁于战乱。

据壁画记载,早在公元前 27 世纪,古埃及人就已经掌握了精密的观星技术,但他们是否发现了上述的五大行星,则无从考证。

古印度的天文学在观测方面,并不十分发达,没有发现五大行星的记载,他们主要是历法方面的成就。

中国的史书上说,公元前 24 世纪尧时代的天文官员羲和发现了"荧"(火星),这是中国人在太阳系中发现的第二颗行星(第一颗是脚下的地球)。之后的不久,历朝历代的天文官员们便相继发现了(按发现的先后

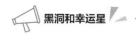

顺序排列）木星、金星、土星、水星。

古巴比伦的天文学始于公元前 19 世纪，发展极为迅速。他们很快就发现了五颗"游星"，即中国的金木水火土五大行星。至于他们对五大行星的称呼，从古巴比伦人发明的"星期"中可略见一斑。据说，公元前 7 至 6 世纪，巴比伦人便有了星期制。他们把一个月分为 4 周，每周有 7 天，即一个星期。古巴比伦人建造七星坛祭祀星神。七星坛分 7 层，每层有一个星神，从上到下依此为日、月、火、水、木、金、土 7 个神。7 神每周各主管一天，因此每天祭祀一个神，每天都以一个神来命名：太阳神沙马什主管星期日，称日曜日；月神辛主管星期一，称月曜日；火星神涅尔伽主管星期二，称火曜日；水星神纳布主管星期三，称水曜日；木星神马尔都克主管星期四，称木曜日；金星神伊什塔尔主管星期五，称金曜日；土星神尼努尔达主管星期六，称土曜日。感觉类似于我们国家的"五行"或"七曜"。

2. 金木水火土"五行"配"五星"

古代的天空最明显的就是"七曜"，其中的太阳、月亮我们前面已经做了说明，另外的"五曜"就是五大行星了，但是金木水火土的名称，是人们把它们与"五行"相配的结果。

水星古名"辰星"，"五曜"中的"水曜"。从地球上观测"水星"时，它一般都出现在太阳的两侧，距太阳的距离总保持在三十度内。这里的"度"，为中国古代的长度单位，三十度左右为一"辰"，《新唐书·志第二十一·天文一》中就曾有"十二辰"的说法，所以由运动距离来定"水星"名为"辰星"。

金星古名"太白"，"五曜"中的"金曜"。又名启明，长庚。出自《诗经·小雅·谷风之什·大东》"东有启明，西有长庚。"启明：先太阳而出地平线时的金星。长庚：后太阳而沉入地平线时的金星。

火星古名"荧惑"，"五曜"中的"火曜"。火星名荧惑，自"荧惑逆行"《后汉书·志第十二·天文中》记载：永康元年正月庚寅，荧惑逆行入太微东门，留太微中百一日出端门，荧惑入太微为贼臣。

木星古名"岁星"，"五曜"中的"木曜"。因"岁"行一"次"而得名。我国古代天文观测认为"木星"的运行周期是十二年，如果将黄道带分成十二个部分，每个部分称为"次"，那么"木星"每年经过一个"次"，即上面所谓的"岁行一'次'"。我国汉代以后发展形成的"干支纪年法"，其实就源于之前的"岁星纪年法"。

土星古名"镇星"，"五曜"中的"土曜"。古人测其约二十八年绕天一周。平均每年行经"二十八宿"之一，好像轮流驻扎于"二十八宿"，即称"岁镇一宿"，所以称"土星"为"镇星"。在占星学中，土星代表老年人。

司马迁《史记·天官书》中记载："天有五星，地有五行。"所以将"五行"分别与这五颗星相配，即为沿用至今的水、金、火、木、土的名字。因为这五大行星在天空中均横向划过，类似于纬线，所以古合称"五纬"。"五纬""五星"也就称作"五曜"。

"五行"是华夏文明的物质和哲学基础。关于五行概念的产生，有几种说法。

（1）**五方说**，一般认为，五行的概念衍生于殷商时期的"五方"观念。殷人将商朝的领域称为"中商"，并以此为基点分辨东西南北四方，从而建立起"五方"观念。

（2）**五材说和六府三事说**，春秋时期出现了"五材说"和"六府三事说"。古人在日常的生产和生活实践中认识到木、火、土、金、水五种自然物质的功用，如《左传·襄公二十七年》说："天生五材，民并用之，废一不可。"五材是人们日常生活和生产中必不可少的水、火、金、木、土五种基本物质，如《尚书·周书·洪范》疏说："水火者，百姓之所饮食也；金木者，百姓之所兴作也；土者，万物之所滋生，是为人用。""六府三事说"先见于《尚书》，后见于《左传》。其具体内容与"五材说"大致一样，

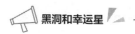

也指水、火、金、木、土五种物质，但另加了"谷"。如《尚书·虞书·大禹谟》说："水、火、金、木、土、谷，惟修；正德、利用、厚生，惟和。"《左传·文公七年》说："水、火、金、木、土、谷，谓之六府；正德、利用、厚生，谓之三事。"以上两说中的水、火、金、木、土，皆指实体的物质本身，并非为哲学的抽象概念。

（3）**五星说**，古代先民在生产和生活实践中，不仅认识到方位风雨对农牧业的影响，而且进一步认识到时间、季节、天体的运行变化对农耕稼穑的作用。在观察四时气候的变化和天体运动的规律的基础上，将天气的运行分为五个时节，即所谓"天之五行"。如《左传·昭公元年》说："分为四时，序为五节。"《管子·五行》说："作立五行，以正天时，以正人位，人与天调。"《白虎通·五行篇》说："言行者，欲言为天行气之义也。"又说："四时为时，五行为节。"古人在观察天体变化的过程中，逐渐发现了水、金、火、木、土五星，因其运动，故曰行星。此五星乃八大行星中用肉眼可观察到的，依次又称为辰星、太白星、荧惑星、岁星和镇星。五星在宇宙中的运行有一定规律，并与四时气候的变化有着密切的联系，故称之为五行。《史记·历书》说："黄帝考定星历，建立五行。"《汉书·天文志》说："五星不失行，则年谷丰昌。"由此可见，五行是古人观星定律的产物，反映了四时气候变化的规律，是四时气候特点和生化特点的抽象，已不再是具体的五大行星。

（4）**五种元素说**，随着观察的不断深入，古人逐渐认识到木、火、土、金、水这五种基本物质，不但为人们生活和生产所必需，而且是构成宇宙万物的基本元素。此五种基本元素自身的运动变化，形成了缤纷多彩的物质世界，如《国语·郑语》说："以土与金、木、水、火杂，以成百物。"此"元素说"是由五种"自然物质"的概念抽象而来，已是具有哲学意味的概念了。《尚书》始明确提出"五行"一词。如该书《夏书·甘誓》说："有扈氏威侮五行。"该书《周书·洪范》说："鲧堙洪水，汩陈其五行。"

此五行虽可能仍指水、火、木、金、土五种基本物质或元素，但其内涵中已具有"行"，即运动、变化和联系的涵义，比"五材说"等有了很大发展，可以说这标志着五行概念的基本内涵已大致确立。

就天文观测来说，五行的运行，是以二十八宿舍为区划，由于它们的轨道距日（黄）道不远，古人用以纪日。**五星一般按木火土金水的顺序，相继出现于北极附近天空，每星各行72天，五星合周天360度**。根据五星出没的天象而绘制的河图，也是五行的来源。因在每年的十一月冬至前，水星见于北方，正当冬气交令，万物蛰伏，地面上唯有冰雪和水，水行（星）的概念就是这样形成的。七月夏至后，火星见于南方，正当夏气交令，地面上一片炎热，火行（星）的概念就是这样形成的。三月春分，木星见于东方，正当春气当令，草木萌芽生长，所谓"春到人间草木知"，木行（星）的概念就是这样形成的。九月秋分，金星见于西方，古代以多代表兵器，以示秋天杀伐之气当令，万物老成凋谢，金行（星）由此而成。五月土星见于中天，表示长夏湿土之气当令，木火金水皆以此为中点，木火金水引起的四时气候变化，皆从地面上观测出来的，土行（星）的概念就是这样形成的。

3. "游星"与希腊的神仙们

相对我国关于"五星""五行"的说法，西方国家的"五星"就有点"调皮"了，不过感觉上更接地气、更有人性。

水星，古希腊"信使"赫尔墨斯，相当于罗马的墨丘利，天生古怪精灵，行动快速。水星靠太阳较近，运动就相对快些（水星的公转速度是八大行星中最快的）。正因如此，太阳压倒性的光芒使它难以被人发现。这些物理特性都符合它快脚信使的角色。

金星，是除太阳和月亮外天上最耀眼的光辉，最亮时（负4.4等）比"全天第一恒星"（指夜空）天狼星（负1.46等）还要亮14倍。"维纳斯"是罗马人对它的美称。代指希腊爱与美的化身，女神阿芙洛狄忒。

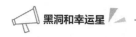

火星，中国古称"荧惑"。"荧惑" ="疑惑"？因为它是一颗"变（化）星"，时顺时逆、时暗时亮（正 1.5 至负 2.9 等），位置也不固定。战神是火星的守护星，希腊神话中的阿瑞斯，罗马人叫"马斯"。他是暴力、残忍、死亡之祸的化身。"一个狂暴的神，天性浮躁邪恶"。火星主杀戮？可能是因为颜色吧（火红的光芒刺目）。在中国古代，火星主内乱，外敌是天狼星。

木星是"行星之王"，这颗巨行星亦比天狼星亮。我国古代木星被用来定岁纪年，称"岁星"。象征幸运的木星，在古罗马被视为至尊的朱庇特（希腊宙斯）。

土星有着光彩夺目的光环，可算是太阳系中最美丽的行星了。克洛诺斯阉割了"天父"乌拉诺斯接掌王位后，被预言将受到报应：自己的儿子会推翻他建立新朝，如他做的一般。克洛诺斯在希腊语中是"时间"的意思，也就是时间之神，由于他同时掌管着农耕，所以又被称为农神。

4."敲开"宇宙大门的威廉·赫歇耳

其实，对没有望远镜的人来说，行星也只是刚好经过天空的光点。直到 17 世纪，随着望远镜的普及，天文学家才发现行星是球体。20 世纪才有太空探测器对这些行星进行近距离的详细观测，并安排探测器登上它们。

1609 年的冬天，得知荷兰人发明了望远镜的伽利略，就自制了一台很不错的望远镜（人类第一台折射式望远镜），并立即将望远镜指向了太空。他不仅发现了行星都是球体，还看到了月球上的"环形山"；明亮的金星有和月亮一样的阴晴圆缺；另一颗行星，巨大的木星，有自己的卫星，伽利略发现了其中最大的四颗：木卫三、木卫四、木卫一和木卫二（见图 1.25）。1610 年它们被分别用宙斯（木星神）情人的名字命名：艾奥（木卫一）、欧罗巴（木卫二）、加尼米（木卫三）和卡利斯托（木卫四）。之后，木星的卫星相继被发现，可能是为了维护天帝的尊严吧，它们都改为用宙斯女儿的名字命名。

　　用太阳取代地球作为行星环绕的中心可以很容易地解释金星的盈亏以及它在天空中的运动特征。木星卫星的发现强有力地支持了哥白尼的宇宙模型：虽然伽利略的二十倍望远镜看到的木卫只是光点，但是从没有人观察到天体环绕地球以外的星体飞行。这个真实、简单的观测证实了地球不是宇宙中心，所有天体都围绕地球旋转是宗教的、形而上学的错误观点。彻底地证实了日心说的太阳系理论。

图 1.25　2012 年 7 月 15 日黎明前时分，在新月旁看到了明亮的木星。左
　　　　　向右分别是木卫四、木卫三、木星、木卫一和木卫二。其实，
　　　　　木卫四、木卫三和木卫一都比月亮大，只有木卫二略小于月亮

　　一旦哥白尼模型被广泛接受，天空中的行星排列便可以合理地被称为太阳系，地球也可以回到六大行星的正确位置上去。看上去是那么美、那么合情合理，没有人会想到有更多的行星出现，就连 1781 年发现第七大行星的英国天文学家威廉·赫歇耳也从未想过。当赫歇耳看到那颗星在恒星背景下移动时，由于脑海中根本就没有（新）行星的意识存在，所以，他宣布发现了一颗彗星。毕竟彗星是可以动的，也是可发现的。最终很多天文学家把它称之为"赫歇耳行星"。这样的称呼名副其实！因

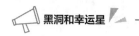

为，毕竟是"赫歇耳行星"的发现打破了地心说也好、日心说也罢所描述的太阳系（甚至认为是整个宇宙）的界限。直到轰动世界的"笔尖底下发现的行星——海王星"被发现，人们才接受了这颗星的命名——天王星。

海王星的发现是科学史上最激动人心的事件之一。1846 年 9 月 23 日晚，德国天文学家伽勒在柏林天文台发现了它，但是这个发现是根据法国数学家勒威耶的计算做出的，因此从某种意义上说，勒威耶才是海王星的真正发现者。这个发现公布之后，英国天文学界声称英国数学家亚当斯早在 1845 年 9 月就已计算出了海王星的位置，比勒威耶还早，只不过没有引起天文学家的重视而已。这个说法引起了一番国际纠纷，最终还是达成了共识，把亚当斯也作为海王星的共同发现者。

海王星的"故事"是这样的：天王星被发现之后，1821 年，巴黎天文台台长布瓦尔把天文学家历年对天王星的观测记录编辑成天王星星表，并根据万有引力定律推算天王星的运行轨道，惊讶地发现天王星的实际位置偏离了推算出的轨道。是万有引力定律有误，还是有一颗未知的大行星在干扰天王星的运行呢？

1832 年，时任剑桥大学天文学教授的艾里向英国科学促进会做了一个报告，介绍这个困扰天文学家的大难题。没有任何根据怀疑万有引力定律的正确性，那么更可能的情形就是存在一颗有待发现的大行星。要找到这颗大行星，需要解决"逆摄动"问题。如果知道一颗大行星的位置，根据万有引力定律可以计算出它对临近大行星的运行的干扰，也就是天文学上所谓的"摄动"。但是如果反过来，要从某颗大行星受到的"摄动"推算出未知大行星的位置，则要困难得多，当时大多数科学家认为是不可能做到的。

1841 年 6 月，在剑桥大学读本科的亚当斯在剑桥书店里读到了艾里的报告，他通过剑桥天文学教授查里斯向已荣任格林尼治天文台台长的艾里索要格林尼治天文台的天王星观测数据。1845 年 9 月，亚当斯获得了计算结果，推算出未知行星的轨道，交给查里斯，希望剑桥天文台能据此寻找新行星。但查里斯并不相信亚当斯的计算，不过他还是写信向艾里推荐亚当斯。亚当斯在 1845 年 10 月 21 日两次拜访艾里，都没能见上面，留下了一张便条。保存至今的这张便条列出他的计算结果：新行星与太阳的平均距离为 28 个天文单位（比实际距离远了 1/4）；它在 1845年 10 月 1 日的位置为黄经 323 度 34 分——只比海王星的实际位置差了大约 2 度。

　　海王星被发现、命名之后，人们一直在努力发现第九大行星，直到发现一度的第九大行星冥王星，只是一颗矮行星，是典型的"柯依伯小行星带"天体。以后，随着观测手段的提高，特别是人类探测器的近距离"造访"，使得这个群体更加丰富多彩，但它们不是大行星。是一些矮行星、小行星和彗星等。比较知名的有：冥王星、冥卫一、凯伦（冥王星卫星）、许德拉（冥王星卫星）、尼克斯（冥王星卫星）、阋神星、塞德娜、欧克斯、伊克西翁、鸟神星、雨神星、妊神星、创神星等。

1.1.3　同一个"宇宙"

1. 地心说和日心说说的是同一个"宇宙"

One world, One dream！这句 2008 年北京奥运会的口号，表达了人类是一个命运共同体的愿望。也唤出了人类追求宇宙奥秘的梦想。试想，这句话用来解释流传了上千年的托勒密的地心说和"推翻了"地心说"统治"的哥白尼的日心说之间的共同点，还真觉得用词很是贴切！就两者的"全貌"来看（见图 1.26），只是地球和太阳的位置做了个调换，尤其是那层最高天——恒星天，依然在那里表示着人类追求（宇宙）的极端（限）。

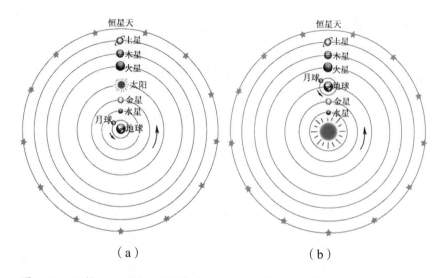

图 1.26 比较一下"地心说"（a）和"日心说"（b）除去地球和太阳的"换位"。最显著的就是那层最高天——恒星天

是的，那层"恒星天"，它太遥远了。数千年来，人们一直认为星星是"固定不动的——fixed star"，从《圣经》到公元 150 年左右出版的托勒密所著的《天文学大成》，这些非常有影响力的著作都提到了这一点。《圣经》里说："上帝就把它们摆列在天上"（创世纪 1:17）。而具有希腊"科学圣贤"地位的托勒密更是非常坚定地声称星星是不动的。

按照人们的感官世界来说，如果这些天体能够各自移动，那么它们到地球的距离就必定会改变。这将使得这些星星的大小、亮度以及相对间距逐年变化。但是我们却观察不到这样的变化，为什么？因为耐心，因为你等待得不够久！哈雷是第一个指出星星在移动的人。1718 年，他比较了"现代"星星的位置和公元前 2 世纪希腊天文学家喜帕恰斯绘制的星象图。他很快发现牧夫座最亮的大角星已经不在以前的位置上了，哈雷相信喜帕恰斯的星象图是准确的，确实是星星在移动！这样的发现的确是得益于哈雷的勤奋和天文台长的职位，勤奋让他产生了这样的"奇思妙想"；职位让他能够拥有看到那些时间已经很久很久的资料。如果没有望远镜的帮助，一个人一生的时间也不足以观察到肉眼能够分辨的（恒星）位移！

2. 从太阳系到银河系

恒星会动，那就是说"地心说"和"日心说"共同的"恒星天"是"天外有天"！不然，那些恒星在哪里运动？

18 世纪后期，还是赫歇耳用自制的反射望远镜进行了系统的恒星计数观测，他计数下 117600 颗恒星。在太阳附近的天空进行巡天观测，对不同方向的恒星进行计数，计算不同方向恒星的数密度。1785 年他得到了第一幅银河系的整体图，以此得出了一个恒星系统呈扁盘状的结论（见图 1.27）。其子约翰·赫歇耳在 19 世纪将恒星计数的工作扩展到南天。20 世纪初，天文学家开始把这个系统称为银河系。

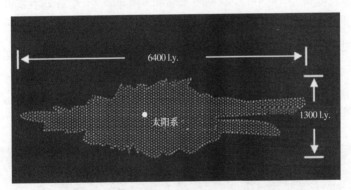

图 1.27 赫歇耳巡天观测绘制的恒星分布图

实际上，类似的工作天文学的许多前辈们也做过，只是由于"恒星天"太"牢固"，所以人们没能把视野拓展得更远。1610 年伽利略用望远镜观测天空时，就注意到后来被称为银河系的地方是由无数个恒星组成的（见图 1.28）。

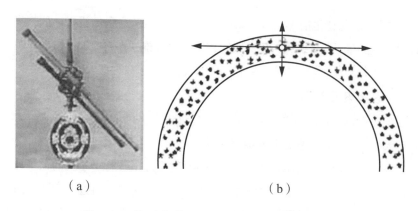

（a）　　　　　　　　　　（b）

图 1.28　伽利略发现了太阳附近恒星分布不均匀

1918 年，美国的天文学家沙普利提出了太阳不在银河系中心的观测分析结果（见图 1.29）。他认为：太阳附近"球状星团"（Globular cluster）的分布，如果太阳是中心，观测结果应该为图 1.29（a），各方向数量一致；实际的观测结果为图 1.29（b），在人马座方向分布更密集。到 1920 年在观测发现了银河系自转以后，沙普利的银河系模型得到了天文学家的公认。从宇宙论角度看，银河系结构的确定不仅是从尺度上扩大了人类认识的时空结构，同时是继哥白尼之后又一次否定了人类（及他所居住的星球）在宇宙中具有任何特殊地位。

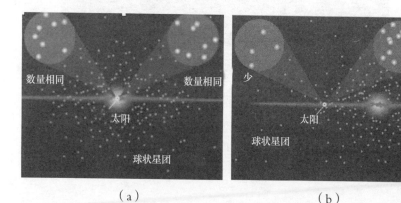

（a）　　　　　　　　　　（b）

图 1.29　太阳附近"球状星团"的分布情况

1922 年荷兰天文学家 Kapteyn 首次利用照相底片进行了太阳附近不同方向恒星的计数（见图 1.30），用统计视差的方法计算了恒星的距离，估计出银河系直径为 50000 光年，厚度为 10000 光年。

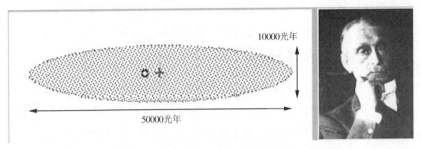

图 1.30　Kapteyn 为我们描述的银河系

3. 从银河系到河外星系

虽然康德在他的《宇宙发展史概论》中以太阳系为中心来论述宇宙的结构和演化，但他在 1755 年的《自然通史和天体论》一书中却明确提出"广大无边的宇宙"之中有"数量无限的世界和星系"的观念。宇宙中无数的恒星系统可形象地比喻成汪洋大海中的岛屿，后来人们把它称为宇宙岛。

天文学中关于宇宙岛是否真的存在的议论，始终是围绕着对星云的观测而展开的。直到哈勃和仙女座大星云的出现。

1918 年，威尔逊山天文台建成了口径 2.54m 的胡克望远镜。1922 年，威尔逊山天文台的邓肯在编号为 M31 的星系中发现了一些变星。1923 年，哈勃用这台胡克望远镜通过照相观测，将 M31 的外围部分分解为单个的恒星，并认出其中的一颗是造父变星，接着在 M31 中又找到几颗造父变星。此外，在 M33 和 NGC6822 中也发现了一些这类变星。这类被称为"造父变星"的变星，具有很稳定的"光变周期（光度与时间的变化周期）"，可以让天文学家准确地测出它们的距离。翌年，他又在仙女座大星云中

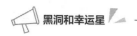

确认出更多的造父变星，并在三角座星云（M33）和人马座星云（NGC6822）中发现了另一些造父变星。接着，他利用勒维特、沙普利等人所确定的周光关系定出了这三个星云的造父（变星）视差，计算出仙女座星云（M31）距离地球约九十万光年，而本银河系的直径只有约十万光年，因此证明了仙女座星云是河外星系，其他两个星云也远在银河系之外。

4. 多普勒效应和哈勃原理

光谱分析是天文观测的最重要手段之一。观测谱线的展宽和红移（或蓝移）可分析天体表面介质和天体自身的运动（见图 1.31（a）），如果天体朝向我们而来，那它的光谱线就会整体向蓝（色）端移动，也就是说它的整体波长都会变短；如果天体是远离我们而去，那它的光谱线就会整体向红（色）端移动，也就是说它的整体波长都会变长。双星系统的观测确定就利用了谱线的红移性质。对星系谱线红移的观测给宇宙论带来了难以预想的特殊意义。

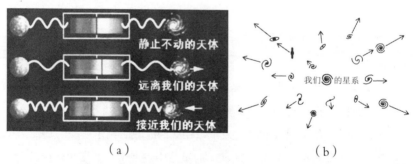

图 1.31　天体运动的"多普勒效应"和星系红移

哈勃发现：河外星系的光谱线绝大多数都具有红移，特别令人吃惊的是河外星系的红移与它的距离成正比（图 1.31（b））由此他给出了著名的哈勃定律：$v=H_0 \times r$，其中 v 代表星系的退行速度，r 代表星系到我们的距离，H_0 表示"哈勃常数"，越大星系的退行速度越快。H_0 由于红移和距离的关系并不依赖于天体的内在性质，因此天体的红移提供了一个确定天体的新手段。

　　哈勃的这一发现对宇宙论的发展具有划时代的深远意义。经 1930 年爱丁顿的解释，哈勃的发现成为宇宙正在膨胀的观测证据。我们的星系的"邻居"们，那些河外星系，都在远离我们而去（见图 1.32）。说明，宇宙在膨胀。这也是"大爆炸"宇宙学最有力的观测证据。"宇宙正在膨胀"或许比当年布鲁诺宣布"地球正在转动"更令人震惊，这也把人类的视野推向了无穷！

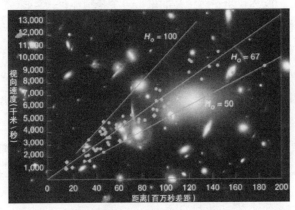

图 1.32　哈勃红移（定律）

1.2　宇宙理论都是怎样产生的

　　观测可以证实我们的感官感受。但是，天文学的观测对象过于遥远，使得我们无法全面、完整地去认识它们。这就需要开发我们的想象力，像爱因斯坦告诉我们的一样，让幻想"起飞"。

　　这样的"冥思苦想"我们的祖先早就开始了，而且是世世代代的一

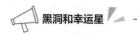

直在进行着，不断地进步、不断地接近真实。

1.2.1　人类宇宙观的演进

光、电磁辐射是天文学家研究天体必须也基本上是唯一接触的事件。光的波粒二重性是20世纪初期物理学家发现的一个奇怪现象，他们发现当人们用一种方法和设备测量光的时候，光显示波的特性；而人们用另一种方法和设备测量光的时候，光显示粒子的特性。光到底是什么呢？是波还是粒子？波和粒子，一个是能量，一个是物体；一个虚，一个实，怎么会同时体现在光的身上呢？更奇怪的是光显示什么特性与人们使用什么方法和设备测量有关，也就是说人在影响着客观世界。为了给这个现象一个合理的哲学解释，量子物理学的先驱之一玻尔自己当起了哲学家，创建了互补哲学。玻尔认为客观世界的真实面貌是不可能被知晓的。当人们想去了解物体本身的时候，人所采用的、用于了解物体的、人造的仪器会与物体本身发生作用，从而改变了物体的真实状态，而人们所看到的不过是物体与那些人造的仪器发生作用的结果。这，听上去有点"玄"，你同意吗？

就人类宇宙观的演进来说，无论我们追溯到多远的过去，无论是从古希腊的亚里士多德开始，还是从宗教中上帝的创世纪开始，西方社会对宇宙的阐述都是以地心说为基础的。虽然这期间对地的描述各有不同，但是认为人所居住的，被称为地球的地方是处于宇宙的中心并且是静止不动的，日月星辰都在围绕着地球运转。这种宇宙观可以简称为绝对空间宇宙观。

1. 绝对空间宇宙观

在这样的宇宙观中，人所在的位置非常独特，地球似乎是专门为人而创造的生存环境，日月星辰也似乎是专门为人而创造的，太阳用来提供光明，星月用来点缀夜空。显然，没有任何人类所能感受到的力量可以做到这一切，只有超自然力，也就是上帝才能做到。因此配合这种宇宙观的人文解释自然就是创世论。在众多的地心说之中，以公元 2 世纪的托勒密所创立的模型最为精致而被基督教所采用，一直到 16 世纪哥白尼的到来。在托勒密的模型中地球处于宇宙的中心，在地球周围是八个天球，这八个天球分别负载着月亮、太阳和 5 个当时已知的行星：水星、金星、火星、木星和土星；而最外层的天球被镶上固定的恒星，恒星之间的相对位置不变，但是总体绕着天空旋转。最后一层天球之外为何物一直不清楚，但有一点是肯定的，它不是人类所能观测到的宇宙的部分。《时间简史》中这样描述托勒密的宇宙模型和它与宗教的关系："它被基督教接纳为与《圣经》相一致的宇宙图像。这是因为它具有巨大的优点，即在固定恒星天球之外为天堂和地狱留下了很多地方。"在这样的宇宙观中，上帝可以从容地创造天地、星辰、风雨雷电以及人类。人类也不必为宇宙的初始而发愁，因为那是上帝的事（就当时人类的发展水平来说，也无能为力）。而上帝不只管宇宙的创生，如《圣经》所示，上帝在人类发展过程中几度干预发展进程。于是，生活在绝对空间宇宙观中的人们成了上帝的奴仆。

但是这种状况没有持续下去，1514 年，哥白尼提出了日心说，使得我们所居住的地球动了起来。上帝的地位也开始动摇了。其实，我们前面说了，哥白尼的日心模型与托勒密的模型没有太多区别，它只是将太阳和地球的位置进行了对调，太阳处于宇宙的中心静止不动，而地球和其他行星是绕着太阳作圆周运动的。虽然哥白尼的模型改动不大，绝对静止的空间还存在，但这足以动摇上帝创造宇宙的合理性，基督教拒绝承认，于是这个事件拖了近一个世纪才有新的进展。1609 年，伽利略观测到木星有几个小卫星在绕着它转动。为了解释这个现象，使用托勒密的模型会非常麻烦并且不宜理解，而使用哥白尼的日心模型则简洁明了得多。同时，开普勒修正了哥白尼理论，认为行星不是沿圆周而是沿椭

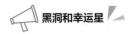

圆运动，而观察的结果和这个预言是一致的。到了1687年，那个著名的苹果砸到了牛顿的脑袋上，牛顿发表了他的万有引力定律。根据这个定律，宇宙中的任一物体都被另外物体所吸引，物体质量越大，相互距离越近，则相互之间的吸引力越大。星球之间为了不被这种引力吸引而撞到一起，必需由一个星球绕另一个星球运转来抵消这种引力。这个定律很好地解释了开普勒所修正的哥白尼模型，很好地解释了我们今天所熟知的卫星绕行星运转，行星绕太阳运转的太阳系。由于伽利略、牛顿等人的努力，宇宙观发生了巨变。我们所处的地球不仅要绕着太阳公转，同时还在不停地自转以确保日夜交替。而托勒密的模型中最外层的天球上所镶上的恒星，其距离比人们以前的想象要远得多。它们是与太阳类似的物体，也可能拥有与太阳类似的家族。突然之间人们掉入了一个无限大的空间，这个空间中的物体依据万有引力定律相互运动，而不是由上帝依据其喜好而摆放的。不仅如此，这个空间中极有可能存在与太阳系相类似的星系，也极有可能存在另外的生命。在这个空间中没有绝对静止的物体，它们都在相互运动之中。于是上帝创世论便随着这个绝对空间宇宙观的瓦解而退出了历史舞台。一个新的宇宙观在牛顿时代产生了。

2. 绝对时间宇宙观

这个宇宙似乎是无穷无尽的，在太阳系外面是巨大的银河系，太阳系是银河系中的一个小小颗粒，而银河系又是宇宙中数以亿万计的星系之一。随着望远镜的升级换代，我们的视野一直望向宇宙的深处，看不到边界。在人们所观测到的星体中，看不出哪一个比另外的一些更特殊，更看不出哪里是宇宙的中心。就像上面提到的，在这样的宇宙里，不存在可以作为标准的绝对空间。但是，在牛顿的宇宙观里有一个参数是绝对的，那就是时间。这个宇宙似乎已经存在了很久，而且还将存在下去很久。在没头没尾的时间长河里畅想宇宙的历史，那才是：前不见古人，后不见来者，念天地之悠悠，独怆然而涕下。

这种在牛顿时代产生的宇宙观，以无限的宇宙空间为基础，以无尽的绝对时间为背景，所以称之为绝对时间宇宙观。我们在学校里被告知的就是这种宇宙观。今天的我们在这种宇宙观的土壤中长大，我们所生活的世界似乎是无穷尽的。于是，无限的宇宙、无尽的时间、无限可分的物质在我们看来是那样天经地义。在这样的宇宙观中成长的头脑不相信界限的存在，总会认为，今天对于人们的界限是由于认知水平的限制所致，而随着时间的延续，认知水平的提高，今天的界限会在未来不复存在。

但是，绝对时间宇宙观从一开始就遇到了麻烦。如果宇宙真是这样无始无终，那就是说，在任何事件之前都存在着无限的时间，在哲学家康德看来，这是荒谬的。不仅如此，宇宙中如此众多的星体，以自身的方式相互运动着，是谁给了它们最初的推动？而热力学的熵增加原理指出，在没有外部能源介入的情况下，物质世界的发展总是朝着无序的方向进行，最后达到完全均匀。但是，宇宙发展了如此长的时间，为什么还是这样有序？面对着以绝对时间为背景的宇宙，人们就像是在看一出既不知道开始，也不知道结尾的连续剧，有点儿摸不着头脑。

如果人类真的是以这种不了解"头"，也不知道"尾"的状态存在于宇宙间，那人类岂不是太渺小了吗？不仅渺小，而且微不足道。牛顿显然不喜欢这样的哲学解释，于是他晚年一直从事研究第一推动力、研究上帝而不能自拔（姑且认为是这样的吧，虽然大概率认为这不是真的）。

随着时间的推移，上面所说的哲学问题不但没有得到很好的解决，而且牛顿的万有引力在解释天体运行规律上出现了越来越多的问题。首先水星的运动轨道就不符合万有引力所计算的结果。但是，更为严重的是恒星与恒星之间的相互运动不足以抵消它们之间的引力。这意味着，由于万有引力的作用，恒星将相互靠拢，而在将来的某个时刻相互崩塌到一起。但情况似乎并不是这样，看上去宇宙已经演变了很长、很长时间，而并没有哪个恒星有撞向我们的迹象。为了掌握我们的命运，天文学家们开始在茫茫太空之中观测各个恒星相对于我们的运行速度。终于在1929年，哈勃的观测有了结果，而且其结果出乎所有人的预料：不管你往哪个方向看，所有的星体都在以非常快的速度离我们远去，而且，距离越远的星体，远离我们的速度就越快。宇宙正在膨胀！这无疑是说明，在过去的时间里，星体之间的距离是比现在更加靠近的。物理学家们按照所观测到的星体的运行速度进行计算，得出了这样的推论："大约100亿至200亿年之前的某一时刻，它们刚好在同一地方，所以那时候宇宙的密度无限大"（《时间简史》第一章）。于是宇宙有了开端，而牛顿的万有引力在这个发现上起不到任何作用。

与此同时，有关光的速度的研究在悄悄地孕育着一个重要理论的诞生。其实早在1676年，丹麦的天文学家罗麦就发现了光并不是以无限快的速度传播的，只不过光的传播速度非常之快。后来人们精确地测量了光速：每秒30万千米。尽管光的速度很快，但在宇宙的尺度上，它还是不够快。以至于我们仰望天空，所看到的星光并不是同一时刻发出的，而只是同一时刻到达地球的光。我们会看到一秒钟以前的月亮，八分钟以前的太阳，十分钟以前的火星，至于恒星，有四年前的，有几千年前的，也有150万年以前的，还有更久以前的。仰望天空，像是在看宇宙的编年史。面对着同样闪烁，但又不同时刻的星光，真正是"不知今夕何夕"。

仰望"不知今夕何夕"的天空令人困惑，但更令人困惑的是，对光速的进一步研究竟对人们习以为常的绝对时间产生了挑战。1887年，迈克耳孙（美国第一个诺贝尔物理学奖获得者）和莫雷在克里夫兰进行了非常仔细的实验。他们将在地球运动方向以及垂直于此方向的光速进行比较，使他们大为惊奇的是，他们发现这两个光速完全一样！也就是说，不管观察者是沿着光的传播方向，还是垂直于光的传播方向，他们所测量到的光速是一样的。于是我们有必要进行一番有关运动、距离以及速度的思考。

思考的结果是：光速的绝对恒定动摇了绝对时间的合理性。

1905 年，当时还并不出名的爱因斯坦劝人们放弃绝对时间观念，因为这样一来，光速绝对恒定的事实就有了被解释的基础。随后，爱因斯坦发表了他的著名学说相对论。相对论基于绝对光速的假设，也就是：不管观察者运动多快，他们应测量到一样的光速。霍金描述到："这简单的观念有一些非凡的结论。可能最著名者莫过于质量和能量的等价，这可用爱因斯坦著名的方程 $E=mc^2$ 来表达（这里 E 是能量，m 是质量，c 是光速），以及没有任何东西能运动得比光还快的定律。由于能量和质量的等价，物体由于它的运动所具的能量应该加到它的质量上面去。相对论限定任何正常的物体永远以低于光速的速度运动。只有光或其他没有内禀质量的波才能以光速运动。"然而，在这个理论中有一个矛盾难以解决，那就是引力必须以无限快的速度来传播，而相对论限制任何东西运动得比光还快。1915 年，爱因斯坦继而发表了广义相对论，很好地解决了这个矛盾。在广义相对论中，空间不再是均匀、平坦的，空间中的质量和能量将引起它周围的空间弯曲，越大的质量所引发的弯曲越大。有如地球一样的行星并不是依靠引力来围绕着恒星运行的，而是在由恒星引发的弯曲了的空间中作直线运行。

就如同一个人沿着笔直的公路开车，他的运行线路在地面上看是一条直线，而在太空中看他的运行线路是一段弧线，因为他是在地球的球面上运行的。空间弯曲的理论是非凡的，远远地超出了人们的想象。为了证明这个理论的正确，人们需要在日食的时候观测穿过太阳附近的星光。因为如果空间是弯曲的话，那么穿过太阳附近的星光光线将随着太阳周围空间的弯曲而弯曲，而在地球上的人所看到的将是那颗恒星离开了它原来的位置。终于，在 1919 年，一个英国的探险队在西非观测日食，并观测到了光线的偏折。广义相对论的预言成功地被现实所验证，同时，

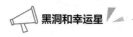

广义相对论还很好地解释了诸如水星的运行轨道等牛顿力学所解释不了的现象。在人们为广义相对论的成果欢欣鼓舞的时候，可能忽略了它所带来的一个观念上的重大变化。这个变化并不亚于当年牛顿万有引力的发现对人们观念的冲击，那就是绝对时间在相对论中被终结了！

也许人们还来不及想象丢失了绝对时间以后所面临的问题，20世纪所发生的事件实在是令人目不暇接。在人们忙着理解什么是相对论的时候，物理学在微观领域研究中所发现的一些结果更加令人不可思议。前面文中提到的光的波粒二相性的发现使人们陷入了光到底是什么的思考。1926年，德国物理学家海森堡从光的波粒二相性入手，进而推导出著名的不确定性原理。尽管对于不确定性原理的争议不断，但它对我们的意义并不逊于相对论的发现。不确定性原理说：对于微观粒子，人们不可能同时确定它的位置和速度。换句话说，当粒子足够小时，你不可能逮住这个粒子。就像只有无质量的光子才能以光速传播一样。以下的话已经讲了近一百年了，但还有必要继续讲下去：不确定性原理是物质的客观规律，不是测量技术和主观能力问题。不确定性原理是人们在探索微观世界时所遇到的一个界限，《时间简史》中这样说："这个极限既不依赖于测量粒子位置和速度的方法，也不依赖于粒子的种类。海森堡不确定性原理是世界的一个基本的不可回避的性质。"当人们在相对论中看到了最快不能超过光速这一对物体运动速度的限制之后，在微观世界，人们遇到了由不确定性原理界定的另一条界线！

3. 绝对光速宇宙观

为了找寻宇宙初始的奥秘，需要从哈勃的宇宙正在膨胀入手。由于哈勃发现，所有星体都在离我们远去，离我们越远的星系远离我们的速度就越快，也就是星系远离我们的速度同离开我们的距离成正比。这个现象是无论你向天空中哪一个方向看都是一样的，这可能会使人们以为自己便是宇宙的中心。但是我们并不能否认有这种可能，就是在宇宙中别的地方也会得到相同的结果，或者更进一步，即在宇宙的任何一点向外看，都会看到哈勃所看到的情景。霍金就说："所有的星系都直接相互离开。这种情形很像一个画上好多斑点的气球被逐渐吹胀（见图1.33）。当气球膨胀时，任何两个斑点之间的距离加大，但是没有一个斑点可认为是膨胀的中心。"

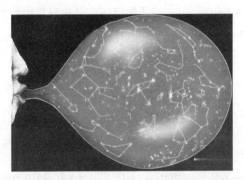

图1.33 膨胀的宇宙就像是一个被逐渐吹胀的气球

以这种模型描述的宇宙有这样一个特点："即在过去的某一时刻（100亿～200亿年之前）邻近星系之间的距离为零。在这被我们称之为大爆炸的那一时刻，宇宙的密度和空间——时间曲率都是无穷大。"因为以往我们所理解的空间和时间都是平坦、连续的，而在上述宇宙模型中存在这样一个点，空间和时间都不再具有连续性。也就是说，不可能将空间和时间的状态反推回去而通过这个点。"这表明，即使在大爆炸前存在事件，人们也不可能用之去确定之后所要发生的事件，因为可预见性在大爆炸处失效了。正是这样，与之相应的，如果我们只知道在大爆炸后发生的事件，我们也不能确定在这之前发生的事件。就我们而言，发生于大爆炸之前的事件不能有后果，所以并不构成我们宇宙的科学模型的一部分。因此，我们应将它们从我们的模型中割除掉，并宣称时间是从大爆炸开始的。""爱因斯坦广义相对论本身预言了：时空在大爆炸奇点处开

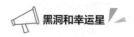

始。"这些都是霍金说的。

但上述的模型还存在一个问题，就是用广义相对论虽然可以解释大爆炸以后不断膨胀的宇宙，但不能解释宇宙的开端，即大爆炸时宇宙的状态。正如霍金所说："广义相对论只是一个不完全的理论，它不能告诉我们宇宙是如何开始的。因为它预言，所有包括它自己在内的物理理论都在宇宙的开端失效。"宇宙的开始点在广义相对论中是个奇点。奇点就像是大街上丢失了盖子的井，有些不协调，有些不合逻辑。如果说，在大爆炸以后，宇宙便依照一定的规律而自然演变，而这一非常有规律的演变竟是起源于一个毫无规律可言的起点，这似乎有些说不过去。也许，宇宙最终会回归到一个无序状态的终点，然后再重新开始，这是轮回吗？

4. 我们的宇宙

西方社会在 16 世纪以前，一直认为地球是宇宙的中心，其宇宙观是以绝对空间为背景的，而对应这种宇宙观的社会学说是宗教。那时的人们关心哪儿是天堂，哪儿是地狱。后来，伽利略、牛顿创建了经典物理学，打破了绝对空间的宇宙观，建立了以绝对时间为背景的宇宙观。而对应这种宇宙观的社会学说是哲学。那时的人们关心什么在先，什么在后。而今天，绝对时间被爱因斯坦、霍金打破了。今天的宇宙观是以绝对光速和不确定性原理为背景的，这样的宇宙存在一个由大爆炸而开始的诞生点，那么，我们所处的宇宙是个什么样子的呢？

（1）宇宙有生有死。

我们所处的宇宙存在一个由大爆炸而开始的诞生点。在这一点上既没有空间，也没有时间，是一个真正的"无"的状态。从这个无的起点，由大爆炸而使空间展开、时间开始。

宇宙同人一样会走向终结。在宇宙膨胀的过程中，一个巨大的黑洞正在孕育，当这个黑洞爆发的时候，一个新的时空将随之展开，而孕育它的、我们所正处其间的这个宇宙将逐渐消亡。就如同太极图所描绘的那样。

（2）宇宙是有所限制的。

宇宙不是无限大的。我们宇宙的尺寸在诞生点为"无"，而 100 多亿年后的今天还在膨胀中。

宇宙中的任何物体的运行速度不容许超过光速。超过光速就是无物。物质不是无限可分的。当物质被分割到一定程度时，将受限于不确定性原理。最小就是光子。

（3）宇宙中的时间和空间是完全相对的。

由于光速的恒定，宇宙中不存在绝对标准的时间。也就是说，每个观察者都有以自己所携带的钟测量的时间，而不同观察者携带的同样的钟的读数不必要一致，没有哪一个时间参照系比另一个更优越。在宇宙中时间是完全相对的。

我们不论往哪个方向看，也不论在任何地方进行观察，宇宙看起来都是大致一样的。也就是说，不存在一个可以用于参考的绝对空间，没有哪一部分空间比另一部分更优越。在宇宙中空间是完全相对的。

（4）宇宙中绝对恒定的是光速。

不管观察者运动多快，他们应测量到一样的光速。他们所观察到的光速是恒定的。

具备以上特点的宇宙就是被物理学家所证实的宇宙，这样的宇宙观可以简称为绝对光速宇宙观。

于是，可以将三种宇宙观作这样的概括。

绝对空间宇宙观是神性的，这是毋庸置疑的了。制造一个优越于其他空间的静止空间，只能是超自然力，只有上帝才能作这样的事。

绝对时间宇宙观可以说是物性的。在这样的宇宙观下，我们总会掉进谁先谁后，有如先有鸡还是先有蛋的怪圈不能自拔。因为，当人们面对的物质宇宙是那样无穷无尽、无休无止、无边无际，这使有着有限生命的人会茫然无措。在无休无止的天地间为人寻找立足的合理性是艰苦

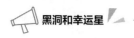

而悲壮的，我们像是天地间非常偶然的存在，面对着茫茫物质宇宙我们充满崇拜，我们似乎是这个物质宇宙中可有可无的一角。显然，不是所有人都满意这样的解释，于是，他们在无休无止的时间坐标上寻找精神的位置，最后在精神和物质谁先谁后的问题上永远夹杂不清。

绝对光速宇宙观可以说是人性的。将人比天，可以如道教的始祖老子一般，将人比道（我们可以把"道"理解为：存在）。同人一样，宇宙不再是由造物主创生；同人一样，宇宙不再是无穷无尽、无休无止的物质世界。宇宙具备人的表情，宇宙在存在的层面与人相通。人既不是上帝统治的宗教世界里的奴仆，也不是无边无际物质世界里可有可无的小小微粒。与存在、与天、与地一样，人是我们认识范畴中的"一大"而共同具备存在的精神。就像老子所说："故道大，天大，地大，人亦大。域中有四大，而人居其一焉。"

1.2.2　宇宙学模型（理论）的演化

宇宙学模型是研究宇宙学的基本框架。最早的宇宙学模型是牛顿的无限宇宙模型。现代宇宙学模型，是建立在爱因斯坦基于广义相对论基础之上的、含有宇宙学常数的静态宇宙学模型。

1. 牛顿的无限宇宙模型

牛顿建立了包括万有引力在内的完整的力学体系。在牛顿力学体系中，当物质分布在有限空间内时是不可能稳定的。因为物质在万有引力作用下将聚集于空间的中心，形成一个巨大的物质球，而宇宙在引力作用下坍缩时是不能保持静止的。因此，牛顿提出宇宙必须是无限的，没有空间边界。宇宙空间是三维立方格子式的、符合欧几里得几何的无限空间，即在上下、前后、左右等各个维度上都可以一直延伸到无限远。

牛顿的宇宙空间中，均匀地分布着无限多的天体，相互以万有引力联系。这不仅是牛顿的无限宇宙图景，在大众之中也为大多数人所接受。

但它是不正确的。而且牛顿的无限宇宙模型与牛顿的万有引力定律是相互矛盾的!

最明显的体现就是所谓的诺曼-西里格佯谬(又称为引力佯谬)。1985 年西里格指出,当我们考虑宇宙中全部物质对空间中任一质点的引力作用时,假如认为宇宙是无限的,其中天体均匀分布在整个宇宙中,那么在空间每一点上都会受到无限大引力的撕扯,这显然不符合我们生活的宇宙中仅受有限引力作用的事实。

这样看来,牛顿无限宇宙模型的困难主要在于无限宇宙与万有引力的冲突上。要解决这个困难,要么修改宇宙无限的观念,要么修改万有引力定律,或者两者都要修改。现代宇宙学正是在对以上两方面的不断"修改"中而不断成熟起来。

2. 爱因斯坦的静态宇宙模型

1916 年爱因斯坦在刚刚建立广义相对论不久,就转向宇宙学的研究。这是因为宇宙是可以充分发挥广义相对论作用的唯一的强引力场系统。1917 年他发表了第一篇宇宙学论文,题目是《根据广义相对论对宇宙学所作的考察》,在这篇论文中,爱因斯坦从分析牛顿无限宇宙的内在矛盾及不自洽出发,提出了一个有限无边(界)的静态宇宙模型。

为什么研究宇宙学问题只能运用广义相对论而牛顿引力理论会不适用呢?因为宇宙存在着许多大质量的天体,它们的引力巨大。而牛顿引力理论只讨论与距离平方成反比的弱引力问题。广义相对论是全新的引力理论,在弱引力场中牛顿引力理论可以作为广义相对论的近似,对宇宙系统就只能用广义相对论来讨论问题了。

爱因斯坦根据广义相对论,提出的宇宙模型既不是无限无边的,又不是有限有边的,而是有限无边的,这好像很难理解!什么样的空间是有限无边或有限无界的呢?

广义相对论告诉我们,不能先验地假定宇宙空间一定是三维的欧几

里得空间，宇宙空间的结构或几何性质决定于宇宙空间的物质运动与分布。根据对宇宙天体分布的分析，可以假定宇宙空间是非欧几里得的弯曲空间，一个弯曲的三维空间完全可能是既有限又无边界的。为了帮助理解我们将有限无边的三维空间与二维球面来做类比。普通球面是二维曲面，也叫二维的弯曲空间。我们容易理解二维球面的弯曲性，因为处在现实的三维空间中，很容易直观地看出二维曲面的弯曲性质。也就是说，要表现二维曲面的弯曲特性，习惯上总是放在三维欧几里得空间中去。数学上一个二维球面，可以用三维欧几里得空间中的球面方程表示为

$$x^2+y^2+z^2=R^2$$

这里的二维球面可以看作有限无边的二维空间的代表。有限指它的面积有限，等于 $4\pi R^2$；无边指球面没有边界，在球面上行走总也遇不到边沿，或者又回到原处。它也是一个弯曲空间，弯曲就是它的性质偏离平直空间的欧几里得几何。比如，在球面上两点之间最短的连线当然不可能是直线（注意不能离开球面画线）；在球面上画一个圆，圆周长跟半径的比不再等于 2π，而必定小于 2π（注意这个圆的半径也是一段曲线）。

爱因斯坦宇宙模型是一个有限无边的三维弯曲空间，数学上可把这样一个宇宙空间表达为三维超球。在四维欧几里得空间里，三维超球方程为

$$X_1^2+X_2^2+X_3^2+X_4^2=R^2$$

这样一个三维超球，它的体积是有限的，总体积是 $2\pi^2R^3$。这个三维空间没有边界，在三维超球中无论沿什么方向走，都遇不到边界，只可能回到原地。总之，根据广义相对论宇宙中物质的分布和结构决定了空间的取向。

爱因斯坦相对论宇宙模型，能很自然地消除牛顿无限宇宙中产生的"佯谬"现象。

1917 年爱因斯坦把广义相对论的场方程应用于宇宙的结构，给出了描述宇宙状态的方程为

$$R_{\mu\nu}-\frac{1}{2}\,g_{\mu\nu}R-\Lambda g_{\mu\nu}=-\frac{8\pi G}{c^4}\,T_{\mu\nu}$$

其中，R 是与时间有关的宇宙标度因子、Λ 为宇宙学常数，$T_{\mu\nu}$ 为宇宙介质的能量动量张量。

爱因斯坦发现如果没有宇宙学常数项，方程的解是不稳定的，表明宇宙在膨胀或收缩。但是他认为宇宙应该是静态、稳定的，所以要引入宇宙学常数，起斥力作用。

3. 弗瑞德曼膨胀宇宙模型

1922 年和 1927 年苏联数学物理学家弗瑞德曼和比利时天文学家勒梅特分别独立地找到了爱因斯坦场方程的动态解。动态解表明：宇宙是均匀膨胀或者均匀收缩的。他们同时证明了爱因斯坦场方程的静态解是不稳定的，微小的扰动就足以破坏它的静态要求，并过渡到膨胀运动状态或收缩运动状态。

根据弗瑞德曼模型，宇宙物质在空间大尺度上的分布是均匀的、各向同性的。显然，局部宇宙空间的物质分布并不是均匀的（否则就不能汇聚形成天体）。观测结果表明：天体是逐级成团的，如行星、恒星（行星系）、星系、星系团、超星系团。这些天体系统的尺度是逐级增大的，星系的尺度从几千光年到几十万光年，星系团的尺度从几十万到几百万光年，超星系团的尺度可达上亿光年。在这些天体尺度的系统内，物质分布是不均匀的（组成天体的物质相当稠密，天体之间的空间物质又极其稀薄）。但与所讨论的宇宙大尺度空间（约 200 亿光年）相比，这仍然是属于小尺度的特征。根据目前的天文观测，在大于一亿光年的空间范围内，物质的空间分布的确是均匀的，且是各向同性的。比如，无论我们在宇宙中的哪一点向任何一个方向看去，在一定角度范围内，亮于某一星等的星系数目总是大致相同的。又如，对宇宙中射电源进行计数，获知它们的分布也是均匀的、各向同性的。

弗瑞德曼膨胀宇宙模型，基于宇宙大尺度结构的物质均匀分布和各向同性这一事实，给出三种不同的宇宙演化途径。第一种情况称为开放宇宙，星系之间的退行运动非常快以致引力无法阻止它继续进行，即宇宙一直膨胀下去（见图1.34中曲线A）。而第二种情况被称为平坦宇宙，星系之间的退行速度正好达到避免坍缩的临界值，宇宙不断膨胀，但膨胀速度逐渐趋于零（图1.34中曲线B）。在被称为封闭宇宙或者叫做震荡宇宙的第三种情况中，星系以非常缓慢的速度互相退行，它们之间的引力不断作用，将使这种互相退行运动最后终止，继而开始互相接近。即宇宙膨胀至最大尺度后便开始坍缩（图1.34中曲线C）。

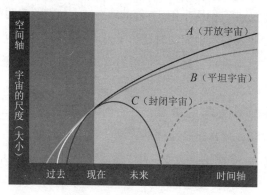

图1.34　宇宙的演化进程

至于实际宇宙究竟对应哪一种演化途径，完全取决于宇宙中的物质平均密度。因为在弗瑞德曼模型中，任何一个典型星系的运动就像从地球表面向上抛一块石头。如果石头的抛出速度足够快，或者地球的质量足够小（这两种说法在物理上是等价的），石头的速度虽然随着时间逐渐变慢，然而最后石头却会跑到无限远的地方。这相当于宇宙物质平均密度小于某一临界密度的情形（开放宇宙）。如果石头没有足够的抛出速度，或者地球质量足够大，它将在到达一个最大高度后再跌回到地面上。这相当于宇宙物质平均密度大于临界值的情形（封闭宇宙）。从这个类比，我们也可以理解为什么找不到爱因斯坦场方程的静态宇宙解，当我们看到一块石头从地面抛起或者跌落向地面时不会觉得奇怪，但是我们不可能期望看到它永远悬在空中静止不动。

原则上，我们可以通过现在的宇宙膨胀速度以及宇宙中的平均物质密度，来确定我们的实际宇宙究竟对应哪一种演化途径。从观测的结果来看，我们现在能够直接观测到的宇宙物质质量还不足以阻止宇宙的膨胀，然而我们现在已有足够的证据确信宇宙中存在着大量的不可视物质。这些不可视物质是否能够阻止目前的宇宙膨胀，正是科学界极为关注的问题。科学家们则相信宇宙十分之九的质量都是由不可视物质贡献的。

无论对于哪一种宇宙演化途径，弗瑞德曼模型都面临着这样一个问题，由于宇宙膨胀，必定遇到时间的起点（边界）问题，或称之为膨胀是什么时间开始的。有关宇宙膨胀的哈勃常数的测定使我们有可能确定宇宙膨胀的时间尺度，现有的数据表明：膨胀必定是在100亿~200亿年前的某一时刻开始的。

另外，基于宇宙大尺度结构的均匀性和各向同性的观测事实，宇宙学原理认为：由于在任何时刻从空间的任一点和任一方向所看到的宇宙图景处处相同，所以物理规律是到处都适用的。而时间这一基本物理量总是和物质运动图像联系在一起的。因此，这就意味宇宙各处有一个共同的时间标度。

对宇宙中的各种天体的年龄普查使我们更加确信这一点。天文观测发现，一些较老的球状星团年龄差不多都在90亿到150亿年之间；根据放射性同位素方法考证，太阳系中某些重元素是在50亿~100亿年前形成的，而且迄今观测到的所有天体的年龄都小于200亿年。这一事实表明：我们的宇宙年龄不是无限的。

所有这些都强烈地暗示：宇宙各处可能有着共同的起源，即宇宙存在着一个时间上的开端。与历史上各种神学创世思想本质区别在于，我

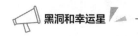

们所讨论的弗瑞德曼宇宙模型，其宇宙开端是由其动力学原因所决定的。

4.Λ—冷暗物质模型

Λ—冷暗物质（cold dark matter，CDM）模型（Λ—CDM model 或 Lambda—CDM model）是所谓 Λ—冷暗物质模型的简称。它在大爆炸宇宙学中经常被称作索引模型，这是因为它尝试解释了对宇宙微波背景辐射、宇宙大尺度结构以及宇宙加速膨胀的超新星观测。它是当前能够对这些现象提供融洽合理解释的最简单模型。

Λ 意为宇宙学常数，是解释当前宇宙观测到的加速膨胀的暗能量项。宇宙学常数经常用 Ω_Λ 表示，含义是当前宇宙中暗能量在一个平坦（直）时空的宇宙模型中所占的比例。现在认为这个数值约为 0.74，即宇宙中有 74% 左右的能量是暗能量的形式。

冷暗物质是暗物质模型中的一种，它认为在宇宙早期辐射与物质的能量分布相当时暗物质的速度是非相对论性的（远小于光速），因此暗物质是冷的；同时它们是由非重子构成的；不会发生碰撞（指暗物质的粒子不会与其他物质粒子发生引力以外的基本相互作用）或能量损耗（指暗物质不会以光子的形式辐射能量）的。冷暗物质占了当前宇宙能量密度的 22%。剩余 4% 的能量构成了宇宙中所有的由重子（以及光子等规范玻色子）构成的物质：行星、恒星以及气体云等。

模型假设了具有接近尺度不变的能量谱的太初微扰，以及一个空间曲率为零的宇宙。它同时假设了宇宙没有可观测的拓扑，从而宇宙实际要比可观测的粒子视界要大很多。这些都是宇宙暴胀理论的预言。

模型采用了弗瑞德曼—勒梅特—罗伯逊—沃尔克度规、弗瑞德曼方程和宇宙的状态方程来描述从暴胀时期之后至今以及未来的宇宙。在宇宙学中，这些是能够构建一个自洽的物理宇宙模型的最简单的假设。而Λ—CDM 模型终归只是一个模型，宇宙学家们预计在对相关的基础物理了解更多之后，这些简单的假设都有可能被证明并不完全准确。具体而言，暴胀理论预言宇宙的空间曲率在 $10^{-5} \sim 10^{-4}$ 的量级。另外也很难相信暗物质的温度是热力学温度零度。Λ—CDM 模型也并没有在基础物理层面上解释暗物质、暗能量以及具有接近尺度不变的能量谱的太初微扰的起源：从这个意义上说，它仅仅是一个有用的参数化形式。

1.3　大爆炸

科学发展本身就是对未知世界的不断探索。现代宇宙学的发展经历了一个极有趣味的历程，从神学和玄学独占的"宇宙创生"，后由科学的宇宙观以及近代科学的严谨理论所取而代之。宇宙学就是要回答与宇宙起源直接相关的问题——宇宙膨胀是如何开始的。

1.3.1　大爆炸宇宙理论

20 世纪 40 年代，伽莫夫把勒梅特用物理原因来说明宇宙创生的思想向前大大推进了一步，他把物理粒子及化学元素的形成同宇宙初始的膨胀联系起来，使宇宙的起源问题有可能运用核物理理论来加以阐明，从而把宇宙的起源变成为一个具体的物理学问题。

1927 年勒梅特提出"原初原子"爆炸作为解释宇宙膨胀的物理原因。为了说明宇宙膨胀，勒梅特假定宇宙起源于原初的一次猛烈爆炸。这样，勒梅特就把原属形而上学的宇宙创生问题变成一个物理学问题，并且说明了星系并不是由于什么神秘的力量在推动它们分离，而是由于过去的某种物理爆炸被抛开的。但在 20 世纪 20 年代，这一思想一方面没有被重视，另一方面也缺少足够的物理证明，从而一度遭到冷落。但正是这一质朴的物理思想成为了大爆炸宇宙学理论的直接渊源。

　　依照传统的观点，宇宙的年龄是无限的，即它一直是这样存在着的。而宇宙中的化学元素则被认为主要是在恒星内部不断地被"锻造"形成，基于这种认识，化学元素的丰度曲线是从轻元素到重元素。但通过对宇宙中的化学元素普查发现，许多质量差异很大的重元素，数量却几乎相同。例如铅的质量是铷的 2 倍，但宇宙中却具有同样数量的铅和铷。另外，观测发现，宇宙中存在最多的元素是氢和氦，而且在各类年龄大不相同的天体上，氦的丰度差不多相等，约占全部元素的 30%。自然界存在着大量的氢是可以理解的，因为氢原子核就是质子。至于氦，它是由两个质子和两个中子组成的，只有当温度在 10^7 K，即一千万度以上，并且在伴有高压条件下，才有可能将 4 个氢原子核聚合起来，形成一个氦原子核，同时释放出大量能量。这就是通常所说的热核聚变反应。在太阳和其他恒星内部，目前所进行的就是这类热核反应。但是，如果仅仅按这种方式来产生氦，宇宙天体中就不可能有今天观测到的这么多氦，而且在不同年龄的天体中氦的含量应该大不相同。伽莫夫确信今天所观测到的宇宙中化学元素的相对丰度值必定是由宇宙创生的历史所注定的，因为，通过对宇宙中化学元素的相对丰度的了解，必定有助于我们弄清宇宙创生的物理过程。伽莫夫在美国碰到一位志趣相投的研究生阿尔弗，他们从一篇研究论文中知道，各种原子的中子俘获截面随元素在周期表中的位置不同而变化，而这条变化曲线反过来看同宇宙中的化学元素丰度曲线极为类似。这一有益启示促使他们马上意识到中子俘获理论可能有助于对化学元素丰度的理解。大爆炸宇宙学的第一篇研究论文就是在这一思想引导下完成的。他们的最后结论是，宇宙中现在的化学元素的丰度曲线是宇宙最初形成时的一次巨大爆炸历史的结果。

　　按照伽莫夫这个大爆炸理论，宇宙在开始时全部由中子组成，然后中子按照放射性衰变过程自发地转化为一个质子、一个电子和一个反中微子。宇宙由于大爆炸而膨胀，同时温度降低，当温度降到一定程度，重元素按中子俘获的快慢顺序由中子和质子生成（见图 1.35）。为了说明轻元素丰度的现代观测值，他们认为必须假设早期宇宙的光子与核粒子比值的数量级为十亿左右。根据对现在宇宙中的核粒子密度估计，他们预言早期炽热宇宙会给我们留下一个微波背景辐射遗迹，温度是 5K。

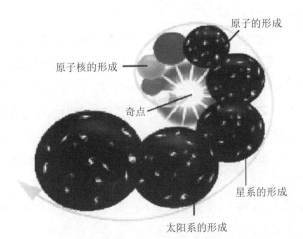

图 1.35　宇宙大爆炸的简单示意图

　　另外一些研究者后来发现，伽莫夫的计算并不是在所有细节上完全正确，因为宇宙开始时中子和质子可能各占一半而不纯是中子。而且，中子转变为质子（或者质子转变为中子）主要是由于和电子、正电子、中微子或反中微子相碰撞产生而不是由于中子的放射性衰变。1953 年，阿尔弗、赫尔曼和福林一起对伽莫夫大爆炸宇宙模型做出修正，并且对原来关于中子质子平衡移动理论计算进行订正，从而第一次对宇宙早期历史进行了透彻的物理分析。从科学的逻辑发展观点来看，只要根据氢和氦两种元素在宇宙中大量存在的观测事实，就完全可以推断核合成必然在宇宙中中子比例下降到 $10\% \sim 15\%$ 时发生。中子的这个比例应该在宇宙温度达到 10 亿度左右开始出现。根据核合成的这一温度要求，可以粗略地估计出温度为 10^9K 时宇宙中的核粒子密度，而在这一温度下的光

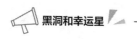

子密度则可以直接从黑体辐射的性质得出。于是我们就可以知道当时的光子与核粒子的比值。这一比值在以后是一直不变的，因此现在仍然保持相同的数值。这样，根据现在核粒子密度的观测值便可以估计到现在的光子密度值，从而可以预料宇宙中存在着温度为 1 ~ 10K 范围内的微波背景辐射。

如果科学的历史就像宇宙本身的历史那样直接简单，那么早在 20 世纪 40 年代最迟不超过 50 年代初，这一预言肯定会促使射电天文学者积极地去搜寻这个背景辐射的存在。然而当时人们对于这样一个重要的预言似乎并不在意，甚至包括作出这一预言的学者们也都没有认真地考虑过，因此也就根本谈不上着手去寻找它。的确，在发现宇宙微波背景辐射之前，天体物理学界并不普遍知道，在大爆炸宇宙模型里，根据氢和氦含量的要求，存在一个可能实际观测到的微波背景辐射。天体物理学界没有普遍注意到这一预言也许是不足为怪的，因为在科学史上一两篇淹没在科学文献海洋中的论文而不被注意是常有的事。但令人迷惑不解的是此后十年中再也没有人按照这个思路继续前进，虽然所有的理论材料和观测手段都已完全具备。一直到 1964 年，大爆炸宇宙模型的核合成计算才由泽尔道维奇在苏联、霍伊尔和泰勒在英国、皮伯斯在美国分别独立地进行了计算。

如果我们原原本本按照质能关系，将宇宙从奇点中显露出来的时刻定义为时间起点，大爆炸标准模型就能讲出从这一创造时刻之后 0.0001 秒以来发生的全部故事。在那一刻，宇宙的温度是 10^{12}K（1 万亿度），密度是核物质的密度，是每立方厘米 10^{14} 克。

在这些条件下，"背景"辐射的光子带有极大的能量，得以按照质能关系 $E=mc^2$ 与粒子互换。于是光子创造粒子和反粒子对，比如电子-正电子对、质子-反质子对和中子-反中子对，而这些粒子对又能够在不断的能量交换中相互湮灭而生成高能光子。火球中还有很多中微子。由于基本相互作用运转中的细微不对称性，粒子的产量比反粒子的产量稍微多一点儿——每 10 亿个反粒子有大约 10 亿零 1 个粒子与之相配。当宇宙冷却到光子不再具备制造质子和中子的能量时，所有成对的粒子都将湮灭，而那十亿分之一的粒子留存下来，成了稳定的物质。

时间起点之后 0.01 秒、温度降至 1 千亿度（10^{11}K）时，只有较轻的电子-正电子对仍在蹦蹦跳跳与辐射相互作用，质子和中子则逃过了灾难。那时，中子和质子的数量相等，但随着时间的推移，与高能电子和正电子的相互作用，使天平稳步朝有利于质子的一边倾斜。时间起点之后 0.1 秒时，温度降到 300 亿度（3×10^{10}K），中子数与质子数的比降低到 38∶62。

时间起点之后约 1/3 秒时，中微子除（可能的）引力影响外停止和普通物质相互作用而"解耦"。当宇宙冷却到 10^{10}（100 亿度），即时间起点之后 1.1 秒时，它的密度降低到仅为水密度的 38 万倍，中微子已经解耦，天平进一步朝质子倾斜，中子与质子之比变为 24∶76。

宇宙冷却到 30 亿度、时间起点之后 13.8 秒时，开始形成由一个质子和一个中子组成的氘核，但它们很快被其他粒子碰撞而分裂。现在，只有 17% 的核子是中子。

时间起点后 3 分零 2 秒时，宇宙冷却到了 10 亿度，仅比今天的太阳中心热 70 倍。中子占的比例降至 14%，但它们避免了完全退出舞台的命运而幸存下来，因为温度终于下降到了能让氘和氦形成、且不致被其他粒子碰撞而分裂的程度。

正是在时间起点后第四分钟这个值得纪念的时期，发生了伽莫夫及其同事在 20 世纪 40 年代概略描述、霍伊尔及其他人在 60 年代细致研究过的那些过程，将幸存的中子锁闭在氦核内。那时，转变成氦的核子总质量是中子质量的四倍，因为每个氦核含两个质子和两个中子。到时间起点之后 4 分钟时，这个过程完成了刚刚不到 25% 的核物质转变成了氦，

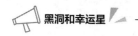

其余的则是独身的质子——氢核。

时间起点之后略晚于半小时的时候，宇宙中的全部正电子已经几乎全部同电子湮灭了，产生了严格意义上的背景辐射——不过还是有与质子数相等的十亿分之一的电子保存下来。这时温度降到了 3 亿度，密度只有水密度的 10%，但宇宙仍然太热，不能形成稳定的原子；每当一个核抓到一个电子时，电子就会被背景辐射的高能光子打出来。

电子和光子之间的这种相互作用持续了 30 万年，直到宇宙冷却到6000K（大约是太阳表面的温度），光子疲弱到再也无力将电子打跑。这时（实际上还包括随后的 50 万年间），背景辐射得以解耦，与物质不再有明显的相互作用。大爆炸到此结束，宇宙也膨胀得比较平缓，并在膨胀时冷却。由于引力试图将宇宙往回拉到一起，它的膨胀也越来越慢。

所有这一切都能在广义相对论——经过检验的可靠的关于引力和时空的理论——和我们关于核相互作用的知识——同样是经过检验和可靠的——框架内得到很好的理解。大爆炸标准模型是一门坚实可靠值得尊敬的科学，但它也留下了一些尚未得出答案的问题。

在时间起点之后 1 百万年前后开始，恒星和星系得以形成，并在恒星内部把氢和氦加工成重元素，而终于产生了太阳、地球和我们人类。

1.3.2 大爆炸宇宙的观测证据

大爆炸理论告诉我们宇宙起源于 150 亿年前的一次猛烈爆炸。

宇宙的爆炸是空间的膨胀，物质则随空间膨胀，宇宙是没有中心的；随着宇宙膨胀，温度降低，构成物质的原初元素（D、H、He、Li）相继形成。由于物质的形成，引力的作用，宇宙的膨胀要逐渐减慢。随着越来越多的观测证据，大爆炸理论逐渐被人们所接受。

而星系红移、宇宙微波背景辐射和宇宙年龄的测定。无疑成为大爆炸理论有力的观测证据。

1. 星系红移和哈勃定律

哈勃发现了河外星系的退行现象，并通过观测得到了哈勃定律：

$$v = Hr$$

哈勃定律反映了宇宙的膨胀。由宇宙膨胀引起的星系的谱线红移叫宇宙学红移；宇宙的距离 $D = v/H_0 = cz/H_0$（其中 D 是宇宙的距离、v 是星系的退行速度、H_0 是哈勃常数）；如果宇宙膨胀是均匀的，那么可以确定宇宙的年龄：$t = D/v = 1/H_0$。

星系的退行表明它们在过去必定靠得很近，那么它们的起点到底是什么？宇宙是从哪里开始膨胀的？这支持大爆炸宇宙学。

哈勃定律的解释：宇宙在均匀膨胀，但并不意味着观测者是宇宙中心，宇宙没有中心。

2. 宇宙微波背景辐射

1964 年彭齐亚斯和威尔孙用天线测量天空无线电噪声时发现在扣除大气吸收和天线本身噪声后，有一个温度为 3.5K 的微波噪声非常显著。经过 1 年的观测，排除了这一噪声来自天线、地球、太阳系等的可能。认为它是弥漫在天空中的一种辐射，即背景辐射，是各向同性的。实际上，这就是天文学家们准备寻找的宇宙大爆炸"残骸"—— 宇宙微波背景辐射。1978 年两人由于宇宙微波背景辐射的发现获诺贝尔物理学奖。

1989 年宇宙背景探测器（COBE）在 0.5mm ～ 10cm 之间对宇宙背景辐射进行了探测，发现辐射高度各向同性。背景辐射可以用温度为 2.74K 的黑体谱很好地拟合。说明现代宇宙来自于某时刻的物质扩散。支持大爆炸宇宙学。

通过宇宙背景探测器（COBE）的观测，我们发现宇宙微波背景辐射存在偶极不对称的现象。现在知道这种宇宙微波背景辐射的偶极不对称是由于太阳系的空间运动引起的（见图 1.36）。利用太阳运动多普勒效应对微波背景辐射的影响可以测定太阳系的运动。太阳运动方向(温度偏高)

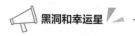
和反方向温度变化 0.1%。由此得出的结论是：太阳系群以 370km/s 向狮子座方向运动。

图 1.36　太阳运动方向和反方向温度变化 0.1%

扣除背景辐射的偶极不对称和银河系尘埃辐射的影响，微波背景辐射表现出十万分之几的温度变化。这种细微的温度变化表明在宇宙演化早期存在微小的不均匀性，正是这种不均匀性导致了以后宇宙结构的形成和星系的形成（见图 1.37）。

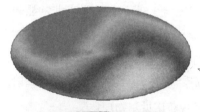

　　未经修正的观测图像，浅色（向）位移和深色（向）位移，显示地球在宇宙中的运动，这张图显示的是太阳在宇宙中的运动。

　　将地球运动除去后。剩下的就是银河系（主要是尘埃的作用）的微波辐射。

　　消除银河系的微波辐射，就是微波宇宙背景辐射了。微波背景辐射表现出十万分之几的温度变化。这种细微的温度变化表明在宇宙演化早期存在微小的不均匀性，正是这种不均匀性导致了以后宇宙结构的形成和星系的形成。

图 1.37　宇宙的微波背景辐射

3. 宇宙年龄的测定

Λ—CDM 模型认为宇宙是从一个非常均一、炽热且高密度的太初态演化而来，至今已经过约 137 亿年的时间。Λ—CDM 模型在理论上已经被认为是一个相当有用的模型，并且它得到了当今像威尔金森微波各向异性探测器（WMAP）这样的高精度天文学观测结果的有力支持。但与之相反的，对于宇宙的太初态的起源问题，相关理论还都处于理论猜测阶段。此间的主流理论——暴胀模型——以及最近兴起的 Ekpyrotic 模型，则认为我们所处的大爆炸宇宙有可能是一个更大的并且具有非常不同的物理定律的宇宙的一部分，这个更大的宇宙的历史则有可能追溯至比 137 亿年前更久远的年代。

如果将 Λ—CDM 模型中的宇宙追溯到最早的能够被理解的状态，则在宇宙的极早期（10^{-43} 秒之前）它的状态被称为大爆炸奇点。一般认为奇点本身不具有任何物理意义，因此虽然它本身不代表任何一个可被测量的时间，但引入这个概念能够方便地界定所谓"自大爆炸开始后"的时间。举例而言，所谓"大爆炸 10^{-6} 秒之后"是宇宙学上一个有意义的年代划分。虽然说这个年代用所谓"137 亿年减去 10^{-6} 秒之前"表达起来可能会更有意义，但由于"137 亿年"的不准确性，这种表达方式是行不通的。

总体而言，虽然宇宙可能会有一个更长的历史，但现在的宇宙学家们仍然习惯用 Λ—CDM 模型中宇宙的膨胀时间，亦即大爆炸后的宇宙来表述宇宙的年龄。

宇宙显然需要具有至少和其所包含的最古老的东西一样长的年龄，因此很多观测能够给出宇宙年龄的下限，例如对最冷的白矮星的温度测量，以及对红矮星离开赫罗图上主序星位置的测量。

美国国家航空航天局的威尔金森微波各向异性探测器计划中所估计的宇宙年龄为

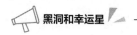

$$（1.373 \pm 0.012）\times 10^{10} 年$$

也就是说宇宙的年龄约为一百三十七亿三千万年，不确定度为一亿两千万年。不过，这个测定年龄的前提依据是威尔金森微波各向异性探测器所基于的宇宙模型是正确的，而根据其他模型测定的宇宙年龄可能会很不相同。例如若假定宇宙存在由相对论性粒子构成的背景辐射，威尔金森微波各向异性探测器中的约束条件的误差范围则有可能会扩大10倍。

第 2 章

"黑洞"不是说好了看不见吗

说到天文学,有三个话题是少不了的——星座、黑洞、外星人。而黑洞更是以看不见、摸不着、超级恐怖而闻名!这样一个"吞吃"一切的怪物,怎么一下子就变成了早餐桌上的"甜甜圈"(见图 2.1)了呢? 2019 年 4 月 10 日(不是 4 月 1 日)由全球 8 组射电望远镜组成的"事件视界望远镜项目"(event horizon telescope,EHT)公布了"人类第一张"黑洞的照片。

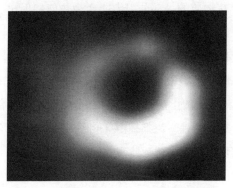

图 2.1 "恐怖"的黑洞变成了"甜甜圈"

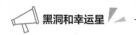

　　我们知道黑洞是一个强引力场，是一个引力强到连光线都会"弯折"回去或者是"掉进去"的区域。没有光线，那当然是"看不到"了。怎么又看到了呢？想知道为什么我们可以看到以前看不到黑洞的原因，你需要注意几个关键词：射电望远镜、数据压缩、吸积盘和高能粒子流喷射（喷流）。

2.1　我们是怎么"看见"的

　　在介绍黑洞的前因后果之前，我们还是先简单地交代一下我们是怎么"看见"黑洞的。

　　第一，黑洞具有强大的引力，本身并没有光子辐射，那么我们怎么能够看得见它呢？确实如此，如果宇宙中存在一个孤零零的黑洞（区域），我们确实无法用电磁手段观测到它。但黑洞强大的引力可以把周围的等离子体俘获，这些被俘获的物质会围绕着黑洞旋转，形成所谓的"吸积盘"，离黑洞不同的距离旋转速度不同，物质之间产生摩擦，导致吸积盘温度升高，使俘获物质的一部分引力能变为热能辐射出去，从而被我们观测到（见图 2.2）。因此，并不是黑洞本身发光，而是黑洞视界外面的吸积盘发光，让我们有机会看到它。

　　第二，黑洞吸积盘的中央会形成一个"喷流"。也就是高速旋转的吸积盘中央的高能粒子喷射。吸积盘把一部分物质的引力能变为热能并辐射出去（见图 2.3）。这种喷流都是由 X 射线粒子和 γ 射线粒子组成的高能粒子流，它们可以被射电望远镜观测到。

图 2.2 我们能看到吸积盘发光,就是那个"甜甜圈"

图 2.3 吸积盘中央会形成高能粒子流(喷流)

第三,科技的进步为我们带来了更大、灵敏度更高的望远镜。这次观测到黑洞的就是 8 台工作在亚毫米波段的射电天文望远镜(见图 2.4)。八台射电望远镜口径都很大,并全天 360 度可动。

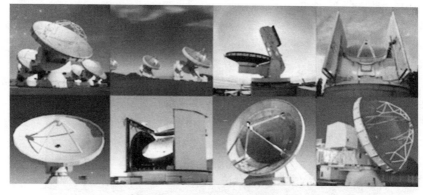

图 2.4　8 台射电望远镜

第四，数据压缩。也就是 EHT 项目组介绍人所说的"冲洗"。实际上，射电望远镜可以做得很大，而且基本上可以"全天候"观测，但是，它所利用的波段波长较长，所以能够达到的"分辨率"或者说相对于光学望远镜，它所接收的信息量就比较低。而我们的肉眼是看不到无线电波的，所以需要计算机将射电望远镜接收到的射电信息压缩、成像（转换）为我们能够看到的光学信息（见图 2.5）。这就是所谓的"冲洗（照片）"。

图 2.5　主图是最后的成像，从下面的 3 个小图我们可以看到数据积累的过程

2.1.1　好酷的名字——"黑洞"

"黑洞"（Black Hole）可以说是 20 世纪最具神奇色彩的科学术语之一，其"形象"还多少带有点恐怖意味，谈到"黑洞"的字眼就使人联想到它犹如一头猛兽，具有强大的势力范围，只要周围物体一旦进入其势力范围之内都会被其吞噬掉。这一次 EHT 项目组给出了黑洞"甜甜圈"的照片，使得黑洞看上去变得有点"可爱"了，这样，会让许多人喜欢上黑洞吗？

黑洞最初仅仅是一种理论推理演绎的数学模型，但是随着科学的发展，在宇宙中逐步得到了证实，人们逐渐认识到了黑洞的存在。有关"黑洞"的概念，我们首先想到的就是法国科学家拉普拉斯，早在 1796 年根据"星球表面逃逸速度"的概念说过的一段话：

"天空中存在着黑暗的天体，像恒星那样大，或许也像恒星那样多。一个具有与地球同样密度而直径为太阳 250 倍的明亮星球，它发射的光将被它自身的引力拉住而不能被我们接收。正是由于这个道理，宇宙中最明亮的天体很可能却是看不见的。"

实际上，比拉普拉斯更早提出类似概念的是英国科学家米切尔，他在一篇于 1783 年的英国皇家学会会议上宣读并随后发表在《哲学学报》的论文中写道：

"如果一个星球的密度与太阳相同而半径为太阳的 500 倍，那么一个从很高处朝该星球下落的物体到达星球表面时的速度将超过光速。所以，假定光也像其他物体一样被与惯性力成正比的力所吸引，所有从这个星球发射的光将被星球自身的引力拉回来。"

所以现在一般的文献都认为经典的"黑洞"概念源于 1783 年，那是按照牛顿力学定理推导出的一种极限模型。由牛顿理论可知：物体脱离地球引力作用的是第二宇宙速度 $v=\sqrt{\dfrac{2GM}{R}}$。由此公式可知道，当 $\dfrac{M}{R}$ 足够大的时候，可导致 v 接近光的传播速度 c，任何物体都不能逃逸，连光也不可能逃逸。

但是，在那个时代，没有任何人会相信有什么恒星的质量会如此大而体积却又如此小。这种设想中的星体密度是水的 10^{16} 倍！而这是几乎无法想象的（当时的任何物理理论和试验都无法预测或是证实）。因而黑

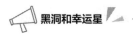

洞的构想在被提出后不久，就被埋没在科学文献的故纸堆中。

　　直到 20 世纪初，爱因斯坦的广义相对论预言，一定质量的天体，将对其周围的空间产生影响而使其"弯曲"。弯曲的空间会迫使其附近的光线发生偏转。例如太阳就会使经过其边缘的遥远星体光线发生 1.75 弧秒的偏转。由于太阳的光太强，人们无法观看太阳附近的情景。而 1919 年，一个英国日全食考察队终于观测到太阳附近的引力偏转现象。

　　爱因斯坦创立广义相对论之后第二年（1916 年），德国天文学家史瓦西通过计算得到了爱因斯坦引力场方程的一个真空解，这个解表明，如果将大量物质集中于空间一点，其周围会产生奇异的现象，即在质点周围存在一个界面——"视界"，一旦进入这个界面（见图 2.6），即使光也无法逃脱。进入的天体会被吞噬，"划过"界面边缘的天体（恒星），会像木星加速小行星、彗星一样，得到加速。这种"不可思议的天体"被美国物理学家惠勒命名为"黑洞"。

图 2.6　黑洞"视界"界面，也就是黑洞区域的边界

　　史瓦西从"爱因斯坦引力方程"求得了类似拉普拉斯预言的结果，即一个天体的半径如果小于"史瓦西半径"，那么光线也无法逃脱它的引力。这个史瓦西半径的范围可以按照式 $r \leqslant \dfrac{2GM}{c^2}$ 估算。其中，M 是天体

质量，c 是光速。如果通过适当选取质量、长度和时间的单位，可以使 G 和 c 都等于 1，那么上式还可以简化成 $r=2M$。

史瓦西半径不是别的，正是按照牛顿引力计算表面逃逸速度达到光速的星体尺度。上述关于引力源的半径小于史瓦西半径时会产生奇异黑洞的说法，在很长一段时间里都曾经被认为是广义相对论的一个缺陷，于是黑洞研究的进展被阻碍了。直到 20 世纪 50 年代，理论家们才对史瓦西半径上的奇异性的解释获得共识。史瓦西自己也并不知道，正是他为米切尔和拉普拉斯那已被遗忘的关于黑洞的猜测打开了正确的理论通道。

按照这些后来被发展的理论，当保持太阳的质量不变，而将其压缩成半径 3 千米的球体时，它将变成一个黑洞；要想让地球也成为一个黑洞，就必须把它的半径压缩到不到 1 厘米！这从人们日常的经验来看，是不可想象的。然而，这种威力无比的"压缩机"在自然界的确存在，这就是天体的"自身引力"。

天体一般存在"自身的向内引力"和"向外的辐射压力"。如果压力大于引力，天体就膨胀（爆炸）；引力大于压力，天体就收缩（坍缩）；如果二力相等，天体就处于平衡状态。对恒星而言，若其原来的质量大于 8 个太阳，则其引力坍缩（见图 2.7）的结局最终就形成黑洞。自然界中不但存在形成黑洞的巨大压力，而且任何大质量的天体最终都逃脱不了这种坍缩的结局。

史瓦西根据广义相对论预言的黑洞，其大小恰与米切尔和拉普拉斯猜想的基本一致。但是，严格来说，这两个理论在黑洞大小上的一致只是表面上的。按照牛顿理论，即使逃逸速度远大于 $3 \times 10^5 \text{km/s}$，光仍然可以从星球表面射出到一定高度，然后再返回（正如我们总能把一只球从地面往上抛出而后只能落下）。而在广义相对论里来讲逃逸速度就是不正确的了，因为光根本不可能离开黑洞表面。黑洞的表面就像一个由光

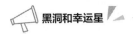

线织成的网，光线贴着表面环绕运行，但绝不能逃出来，如果黑洞在自转，则捕获光的那个面与黑洞自身的表面是不相同的。借助于逃逸速度来描述黑洞，虽然有一定的历史价值和启发作用，却是过于简单了。

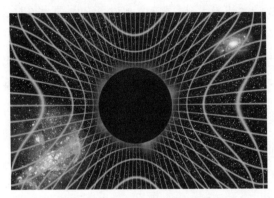

图 2.7　当质量足够大的天体开始引力坍缩时，最终会形成黑洞

1939 年，奥本海默（原子弹之父）研究了中子星的特性后指出，如果中子星的质量超过 3.2 倍太阳的质量，中子就无法与自身引力相抗衡，从而发生中子塌陷。这时没有任何力量能够抵挡住引力的作用，经过引力作用后的星核会形成一个奇异点，也就是奇点，那个没有体积只有超高质量、超高密度的点。

奥本海默的理论预言主要建立在以下 3 个要点上：

1）自然界没有任何力能够支撑 3 倍以上太阳质量的"冷"物质，即已经停止热核反应的物质的引力坍缩。

2）许多已观测到的热恒星的质量远远超过 3 倍以上的太阳质量。

3）大质量恒星消耗其核燃料并经历引力坍缩的时间尺度是几百万年，所以这样的过程已经在具有 100 亿年以上高龄的银河系里发生了。

就像拉普拉斯推测的那样，这样的超中子星不会向外发光。它被描述成一个无限深的洞，任何落在它上面的物体都会被它吞没而不可能再出来，即使是光也不能逃出来。

2.1.2 广义相对论的七大预言

显然，爱因斯坦的广义相对论"复活"和"拯救"了黑洞。然而，对这个瑞士伯尔尼专利局的小职员来说，1905 年只是他神奇的开始。在解决了惯性系（牛顿力学体系）的问题之后，他要把相对性原理拓展到更普适的非惯性系中，彻底颠覆人们的"宇宙观"。1907 年，爱因斯坦的长篇文章《关于相对性原理和由此得出的结论》，第一次抛出了"等效原理"，广义相对论的画卷徐徐展开。然而，这项工作十分艰巨，直到 1915 年 11 月。爱因斯坦先后向普鲁士科学院提交了四篇论文，提出了天书一般的引力场方程，至此，困扰多年的问题基本都解决了，广义相对论诞生了。1916 年，爱因斯坦完成了长篇论文《广义相对论的基础》，文中，爱因斯坦正式将此前适用于惯性系的相对论称为狭义相对论，将"在一切惯性系中（静止状态和匀速直线运动状态）物理规律同样成立"的原理称为狭义相对性原理，继而阐述了"通吃"的广义相对性原理：物理规律在无论哪种运动方式的参照系都成立（包括静止、匀速直线运动、加速运动、圆周运动等惯性系和非惯性系）。

爱因斯坦的广义相对论认为，只要有非零质量的物质存在，空间和时间就会发生弯曲，形成一个向外无限延伸的"场"，物体包括光就在这弯曲的时空中沿短程线运动，其效果表现为引力。所以人们把相对论描述的弯曲的时空称为引力场，其实在广义相对论看来，"引力"这个东西是不存在的，它只是一种效果力，与所谓离心力类似。如果说狭义相对论颠覆了牛顿的绝对时空观，那么广义相对论几乎把万有引力给一脚踹下去了。倒不是说爱因斯坦否定了牛顿，而是完成了经典物理的一次华丽的升级，只是如此彻底以至于经典物理变得面目全非了。

广义相对论提出后毫无悬念地遇到了推广的困难，因为对于我们这种生活在低速运动和弱引力场的地球人来说，它太难懂了，太离奇了。但是逐渐地，人们在宇宙这个广袤的实验室中寻找到了答案，发现了相

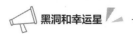
对论实在是太神奇、太精彩了。这是因为根据广义相对论所做的七大预言，都一一兑现了！

1. 光线弯曲

几乎所有人在中学里都学过光是直线传播的，但爱因斯坦告诉你这是不对的。光只不过是沿着时空传播，然而只要有质量，就会有时空弯曲，光线就不是直的而是弯的。质量越大，弯曲越大，光线的偏转角度越大。太阳附近存在时空弯曲，背景恒星的光传递到地球的途中如果途经太阳附近就会发生偏转。爱因斯坦预测光线偏转角度是 1.75″，而牛顿万有引力计算的偏转角度为 0.87″。要拍摄到太阳附近的恒星，必须等待日全食的时候才可以。机会终于来了，1919 年 5 月 29 日有一次条件极好的日全食，英国爱丁顿领导的考察队分赴非洲几内亚湾的普林西比和南美洲巴西的索布拉进行观测，结果两个地方三套设备观测到的结果分别是 1.61″±0.30″、1.98″±0.12″ 和 1.55″±0.34″，与广义相对论的预测完全吻合。这是对广义相对论的最早证实。70 多年以后"哈勃"望远镜升空，拍摄到许多被称为"引力透镜"的现象(见图 2.8)，使得现如今"引力弯曲"，几乎是路人皆知了。

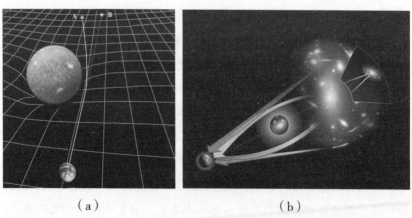

（a）　　　　　　　　　　（b）

图 2.8　光线弯曲。(a)大质量的天体会让我们"看到"光源在 B 点，而不是实际的 A 点；(b)"引力透镜"也是光线弯曲的结果

2. 水星近日点进动

一直以来，人们观察到水星的轨道总是在发生漂移，其近日点在沿着轨道发生 5600.73″ / 百年的"进动"现象（见图 2.9）。而根据牛顿万有引力计算，这个值为 5557.62″ / 百年，相差 43.11″ / 百年。虽然这是一个极小的误差，但是天体运动是严谨的，明明确实存在的误差不能视而不见。科学家们纷纷猜测在水星轨道内侧更靠近太阳的地方还存在着一颗行星影响着水星轨道，甚至已经有人把它起名为"火神星"。不过始终未能找到这颗行星。1916 年，爱因斯坦在论文中宣称用广义相对论计算得到这个偏差为 42.98″ / 百年，几乎完美地解释了水星近日点进动现象。爱因斯坦本人说，当他计算出这个结果时，简直兴奋得睡不着觉，这是他本人最为得意的成果。

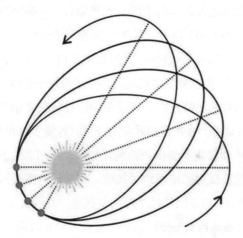

图 2.9　由于太阳的强引力，会造成最靠近太阳的水星产生"进动"

3. 引力钟慢

同样还是时空弯曲的结果。前文讲到的都是空间上的影响，不论光还是水星都是在太阳附近弯曲的时空中运动。既然被弯曲的是时空，自然要讲时间的变化。广义相对论中具有基石意义的等效原理认为：无限小

的体积中均匀的引力场等同于加速运动的参照系。而在引力场中引力势较低的位置，也就是过去我们所学的离天体中心越近，引力越大，那么时间进程越慢，物体的尺度也越小。讲通俗一点，拿地球举例，站在地面上的人相比于国际空间站的宇航员感受到的引力更大，引力势更低（这是比较容易理解的），那么地面上的人所经历的时间相比于宇航员走得更慢，长此以往将比他们更年轻！这项验证实验很早就做过。1971年做过一次非常精确的测量，哈菲尔和基丁把4台铯原子钟（目前最精确的钟）分别放在民航客机上，在1万米高空沿赤道环行一周。一架飞机自西向东飞，一架飞机自东向西飞，然后与地面事先校准过的原子钟做比较。同时考虑狭义相对论效应和广义相对论效应，东向西的理论值是飞机上的钟比地面钟快（275±21）纳秒（10^{-9}秒），实验测量结果为快（273±7）纳秒，西向东的理论值是飞机上的钟比地面钟慢（40±23）纳秒，实验测量结果为慢（59±10）纳秒。其中广义相对论效应（即引力效应）理论为东向西快（179±18）纳秒，西向东快（144±14）纳秒，都是飞行时钟快于地面时钟；但需要注意的是，由于飞机向东航行是与地球自转方向相同，所以相对地面静止的钟速度更快，导致狭义相对论效应（即运动学效应）更为显著，才使得总效应为飞行时钟慢于地面时钟。

此外，1964年夏皮罗提出一项验证实验，利用雷达发射一束电磁波脉冲，经其他行星反射回地球再被接收。当来回的路径远离太阳，太阳的影响可忽略不计；当来回路径经过太阳近旁，太阳引力场造成传播时间会加长，此称为雷达回波延迟，或叫"夏皮罗时延效应"。天文学家后来通过金星做了雷达反射实验，完全符合相对论的描述。2003年天文学家利用卡西尼号土星探测器，重复了这项实验，测量精度在0.002%范围内观测与理论一致，这是迄今为止精度最高的广义相对论实验验证。

4. 引力红移

从大质量天体发出的光（电磁辐射），由于处于强引力场中，其光振动周期要比同一种元素在地球上发出光的振动周期长，由此引起光谱线向红光波段偏移的现象。只有在引力场特别强的情况下，引力造成的红移量才能被检测出来。20 世纪 60 年代，庞德、雷布卡和斯奈德在哈佛大学的杰弗逊物理实验室（Jefferson Physical Laboratory）采用穆斯堡尔效应的实验方法，定量地验证了引力红移。他们在距离地面 22.6 米的高度，放置了一个伽马射线辐射源，并在地面设置了探测器。他们将辐射源上下轻轻地晃动，同时记录探测器测得的信号的强度，通过这种办法测量由引力势的微小差别所造成的谱线频率的移动。他们的实验方法十分巧妙，用狭义相对论和等效原理就能解释。结果表明实验值与理论值完全符合。2010 年来自美国和德国的三位物理学家马勒、彼得斯和朱棣文通过物质波干涉实验，将引力红移效应的实验精度提高了一万倍，从而更准确地验证了爱因斯坦广义相对论。

5. 黑洞

黑洞的质量极其巨大，而体积却十分微小，密度异乎寻常得大。所以，它所产生的引力场极为强劲，以至于任何物质和辐射在进入到黑洞的一个事件视界（临界点）内，便再无法逃脱，甚至传播速度最快的光（电磁波）也无法逃逸。如果太阳要变成黑洞就要求其所有质量必须汇聚到半径仅 3 千米的空间内，而地球质量的黑洞半径只有区区 0.89 厘米。1964 年，美籍天文学家里吉雅科尼意外地发现了天空中出现神秘的 X 射线源，方向位于银河系的中心附近。1971 年美国"自由号"人造卫星发现该 X 射电源的位置是一颗超巨星，本身并不能发射所观测到的 X 射线，它事实上被一个看不见的约 10 倍太阳质量的物体牵引着，这被认为是人类发现的第一个黑洞。虽然黑洞不可见，但是它对周围天体运动的影响是显著的。现在，黑洞的概念已经被人们普遍接受了，天文学家甚至可以用光学望远镜直接看到一些黑洞吸积盘的光。我们已经能够借助于射电望远镜对其进行详尽的研究。

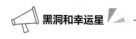

6. 引力拖曳效应

一个旋转的物体特别是大质量物体还会使空间产生另外的拖曳扭曲，就好像在水里转动一个球，顺着球旋转的方向会形成小小的波纹和漩涡。地球的这一效应，将使在空间运行的陀螺仪的自转轴发生 41/1000 弧秒的偏转，这个角度大概相当于从华盛顿观看一个放在洛杉矶的硬币产生的张角。2004 年 4 月 20 日，美国航天局"引力探测 –B"（GP–B）卫星从范登堡空军基地升空，以前所未有的精度观测"测地线效应"，从而寻找"惯性系拖曳"效应的迹象。卫星在轨飞行了 17 个月，随后研究人员对测量数据进行了 5 年的分析。2011 年 5 月美国航天局发布消息称，GP–B 卫星已经证实了广义相对论的这项预测。

7. 引力波

爱因斯坦在发表了广义相对论后，又进一步阐述了引力场的概念。牛顿的万有引力定律显示出引力是"超距"的，比如太阳如果突然消失，那么地球就会瞬间脱离自己的轨道，这似乎是正确的。但爱因斯坦提出"引力"需要在时空中传递，需要时间，质量的变化引起引力场变化，引力会以光速向外传递，就像水波一样，这就是"引力波"的由来。不过爱因斯坦知道引力波很微弱，像太阳这样的恒星是不能引起剧烈扰动的，连他自己都认为可能永远都探测不到。1974 年，美国物理学家泰勒和赫尔斯利用射电望远镜，发现了由两颗中子星组成的双星系统PSR1913+16，并利用其中一颗脉冲星，精准地测出两个致密星体绕质心公转的半长径以每年 3.5 米的速率减小，3 亿年后将合并，系统总能量周期每年减少 76.5 微秒，减少的部分应当就是释放出的引力波。泰勒和赫尔斯因为首次间接探测引力波而荣获 1993 年诺贝尔物理学奖。

2017 年引力波被发现！被誉为爱因斯坦光环的最后一块拼板。

三位来自美国的引力波研究专家韦斯、索恩以及巴里什荣膺 2017 年诺贝尔物理学奖的殊荣，以表彰"他们对激光干涉引力波天文台（LIGO）

和观测引力波所做出的决定性贡献"。2015 年 9 月 14 日第一次探测到了引力波，它来自一个 36 倍太阳质量的黑洞与一个 29 倍太阳质量的黑洞的碰撞。这两个黑洞碰撞后合并为一个 62 倍太阳质量的黑洞，失去的 3 倍太阳质量以引力波的形式释放出来，被 LIGO 捕捉到。

随后，2015 年 12 月 26 日、2017 年 1 月 4 日、2017 年 8 月 14 日，LIGO 又先后三次探测到黑洞合并产生的引力波，其中最后一次是位于美国华盛顿和路易斯安娜的 LIGO 引力波天文台，以及位于意大利的处女座引力波天文台，首次共同探测到引力波。

2.1.3 那张照片

爱因斯坦的伟业，随着引力波的被捕获似乎已经完成了。我们回过头来，再来详细谈谈那张"甜甜圈"的照片。因为，真正让人们"看到"黑洞，似乎才算是完满！

1. 主角登场

梅西耶 87（M87）是位于室女座的一个非常典型的椭圆星系，距离我们大约 5500 万光年，100 年前对这个星系进行光学拍照时，就发现了一个非常著名的线状抛出物，如图 2.10 所示，经过射电观测对比，现在我们知道这个线状抛出物就是喷流在光学波段的辐射。

图 2.10　从 M87 星系中心的黑洞抛出的物质

如果从射电波段的观测图像去看，喷流将非常突出（图 2.11 展现了不同分辨率情况下的射电图像）。由于 M87 是一个超巨椭圆星系，因此其中心超大质量黑洞是近邻星系中最大的黑洞之一。通过星系核心的恒星速度分布发现其黑洞质量约为 62 亿个太阳质量。这次通过视界望远镜，可直接测量黑洞暗影的大小。

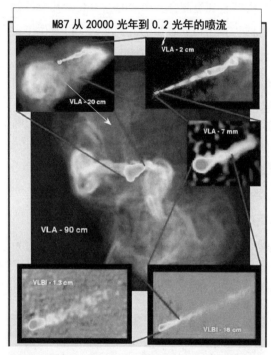

图 2.11　不同分辨率情况下的 M87 喷流（美国 VLA 和 VLBI 射电天线阵列拍摄）

由于 M87 中存在有来源于视界边缘的相对论性喷流，使它的 X 射线和光学波段辐射等吸积盘和喷流辐射都可以很强。利用哈勃望远镜等不同波段高分辨率望远镜观测了星系核心区域 100 光年以内（～ 0.4 角秒，相当于几千个史瓦西半径）的射电、光学甚至 X 射线波段的辐射，并利用喷流模型进行了拟合，发现 M87 各波段辐射均来自喷流。不过，M87 在亚毫米波段有一个明显的鼓包，这个"鼓包"应该是来自于低辐射效率吸积盘中热等离子体的辐射过程，而不是来自于喷流。这个鼓包及辐射过程在我们银河系中心黑洞以及部分其他近邻低光度活动星系中得到了较为充分的研究。这个亚毫米鼓包正好在这次"视界"望远镜观测的波段，因此其辐射起源或者说辐射位置（吸积盘是围绕黑洞旋转，喷流是垂直于吸积盘方向），将对理解黑洞阴影有重要影响，不同的辐射起源，将有不同的黑洞影像，或者说这次视界望远镜的观测结果将可以直接检验不同的理论模型。

2. "视界"望远镜

望远镜能分辨的视角越小，其分辨本领就越高，θ 代表望远镜的分辨角：$\theta \sim \lambda / D$，其中 λ 是接受辐射的波长，D 为望远镜的直径。所谓"视界"望远镜（Event Horizon Telescope，EHT）就是能够分辨到宇宙中部分黑洞的视界尺度。为了提高分辨率，有两种途径：采取更短的波长和增加望远镜的尺寸。目前对于单个望远镜而言，射电望远镜直径可达几百米（如 500 米的 FAST 射电望远镜），但其接收的波长很长，其真实分辨率并不高（其高灵敏度是最重要优势）。在光学波段，由于材料限制，目前最大的望远镜也就是在 10 米左右。在高能的 X 射线以及伽马射线波段，只能在空间探测，由于材料和技术原因，也不能把望远镜做得很大。

20 世纪 60 年代，英国剑桥大学卡尔迪许实验室的马丁·赖尔利用基线干涉的原理，发明了综合孔径射电望远镜，大大提高了射电望远镜的分辨率，其主要的工作原理就是让放在两个或多个地方的射电望远镜同时接收同一个天体的无线电波，考虑到地球自转以及望远镜位置，电磁波到达不同望远镜存在距离差，可以对不同望远镜接收到的信号进行叠加处理得到增强的信号，此时这台虚拟望远镜的尺寸就相当于望远镜之间的最大距离，因此这种化整为零的方法大大提高了望远镜的分辨率，赖尔也为此项发明获得 1974 年诺贝尔物理学奖。

目前在从射电到伽马射线不同波段望远镜中,射电干涉阵的分辨率为最高,几个著名的射电干涉阵包括美国甚大阵(very large Array,VLA),是由 27 台 25 米口径的天线组成的射电望远镜阵列(见图 2.12(a)),位于美国新墨西哥州,海拔 2124 米,是世界上最大的综合孔径射电望远镜;美国甚长基线干涉阵(very long baseline array,VLBA),由 10 架射电望远镜组成的阵列。每架天线直径都超过 25 米(见图 2.12(b)),基线的最大长度可达 8611 千米;中国加入的欧洲甚长基线干涉阵(european vLBI network,EVN)以及日本空间射电望远镜 VSOP(日本 HALCA 卫星携带的 8 米射电望远镜)等。上述几个地面射电望远镜阵的等效直径几乎相当于地球大小。

（a）　　　　　　　　　　　　（b）

图 2.12　美国的 VLA 天线阵列和组成 VLBA 的望远镜

到 2017 年,全球不同国家有近 10 台亚毫米波望远镜已经可以投入观测,分布从南极到北极,从美国到欧洲,组成了一个相当于地球大小的巨大虚拟望远镜。主要包括南极的 SPT、智利的 ALMA(阵)和 APEX、墨西哥的 LMT、美国亚利桑那的 SMT、美国夏威夷的 JCMT 和

SMA（阵）、西班牙的 PV、格陵兰岛的 GLT。这些望远镜工作在更短的毫米到亚毫米波段，结合地球大小的尺寸，因此达到了前所未有的超高分辨率，如在 230GHz（1.3 毫米），分辨率可达 20 微角秒，比哈勃望远镜的分辨率提高了近 2000 倍，这个分辨率几乎接近部分近邻超大质量黑洞视界尺度，可以看清黑洞视界的边缘。在这些望远镜中，位于智利的阿塔卡玛大型毫米波天线（atacama large millimeter array，ALMA）阵列最为重要（见图 2.13），其灵敏度最高，耗资近 150 亿美元。目前那里是世界上最好的天文观测地点，是天文学家的圣地。

图 2.13　位于智利沙漠的 ALMA 天线阵

到目前为止，两个黑洞视界分辨率最高的天体分别是我们银河系中心黑洞与梅西耶 M87 中心黑洞，这两个巨型黑洞质量分别为 410 万和 62 亿个太阳质量。银河系和 M87 的中心黑洞离地球分别为 2.7 万光年和 5600 万光年，M87 中心黑洞比银心黑洞质量大了近 1500 倍，但距离远了 2000 倍，从而导致这两个黑洞在天空上投影大小几乎相当（这一点非常像月亮和太阳，看上去它们大小也差不多），其黑洞视界角大小分别为 7 和 10 个微角秒，这已经接近"虚拟口径望远镜（见图 2.14）"的角分辨率了。几乎横跨半个地球的，世界上最大的"虚拟口径"射电望远镜，有效口径达到 10000 千米。

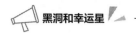
3. 我们能看到什么

天文学家 Bardeen 1973 年就曾指出，如果在黑洞周围有盘状等离子体并产生电磁辐射的话，黑洞看起来不是纯"黑"的。2000 年，荷兰天文学家 Fackle 等人首次采取广义相对论框架下光线追踪的办法，基于我们银河系中心黑洞基本参数，首次呈现出黑洞可能的模样（视线方向接近吸积盘法向，如图 2.15 所示），黑洞周围有一个不对称的光环，中心比较暗的区域就是黑洞的"暗影"，黑洞阴影大小与黑洞质量有关，与黑洞自转和视角等关系不大。通过广义相对论计算发现光环几乎呈圆形，圆环直径大约为 10 倍引力半径（由于光线弯曲等效应，圆环大小并不等于黑洞视界大小）。由于多普勒效应，旋转等离子体的速度如果朝向我们，则辐射变亮，如果远离我们，则变暗，因此我们会看到不对称的圆环。当时 Falcke 等人根据射电望远镜发展预期就提出在未来几年就可看到黑洞的阴影。

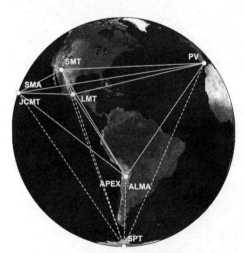

图 2.14　虚拟口径望远镜

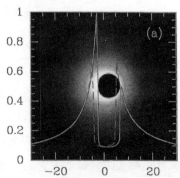

图 2.15　从黑洞吸积盘正面看所呈现的图像

《星际穿越》号称是人类历史上最烧脑的电影，那是导演诺兰的首部太空题材电影，并且邀请了天体物理学家索恩给出非常专业的指导，很多场景都经过了严格的科学计算。宣传片中那个黑洞图片在很多人的脑海中都留下了深刻印象（见图 2.16），这个图像就是假设冈都亚都这个巨型黑洞周围存在一个薄吸积盘，它的厚度相对于黑洞的大小而言可以忽略不计（也叫薄盘），其中的黑洞为一亿个太阳质量。电影中的图像，可不是艺术家的画作，而是利用大型计算机在广义相对论框架下精确计算的结果，因此这个电影首次把一个黑洞和吸积盘的影像呈现出来，图 2.17 所示中黑洞上方和下方图像是黑洞后面吸积盘光线弯曲之后被我们看到

图 2.16 《星际穿越》中天体物理学家为我们演示的黑洞

图 2.17 《星际穿越》中的黑洞，假设它为 1 亿个太阳质量

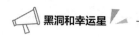

的图像。这个图像就是黑洞"视界"望远镜希望看到的样子。图中环线代表不同的温度。

当然需要指出，《星际穿越》计算中采取了最标准的吸积盘，这样的黑洞在近邻宇宙中还没有适合观测的。即使有，我们也不能通过目前的"视界"望远镜观测到它，因为标准薄盘的辐射主要集中在光学波段，而视界望远镜观测波段在亚毫米波段。因此，《星际穿越》中的这个黑洞，在相当长的时间里，我们是无法观测到的，除非光学望远镜干涉技术得到跨越式发展。

这次照片拍摄，全球的虚拟"视界"望远镜所选择的两个黑洞候选体：银河系中心黑洞和 M87 中心黑洞，它们的观测窗口非常短暂，每年只有十天左右，还要天气条件适宜。2017 年观测窗口期为 4 月 5—14 日，其中分别对银河系中心黑洞和 M87 黑洞做了 2 次和 5 次观测，还有部分日期因为雷电和大风等原因无法观测。参与观测的有 8 架亚毫米波望远镜（分辨率达到了 20 微角秒）。在观测成功以后，由于甚长基线干涉阵数据处理相对较为复杂，而且涉及站点很多，每晚的数据量达 2PB（1PB=1000TB=1000000GB），这和欧洲大型对撞机一年产生的数据差不多。为了保证准确性，观测数据用三种完全独立的流程以及多个独立小组进行处理，以保证结果的准确性。真是拍照不易，洗照片更难。图 2.18 所示就是利用三种完全独立的数据处理方法得到的 2017 年 4 月 11 日观测的图像（分辨率约为 20 个微角秒），其中不同温度等效于不同的辐射强度。

我们可以发现每张照片均呈圆环状且中心存在阴影区域（亮环大小约为 40 个微角秒），这个阴影区域就是前面所说"黑洞阴影"，该亮环大小与理论计算结果十分吻合（对 60 亿个太阳质量黑洞对应圆环大小约为 38 个微角秒）。

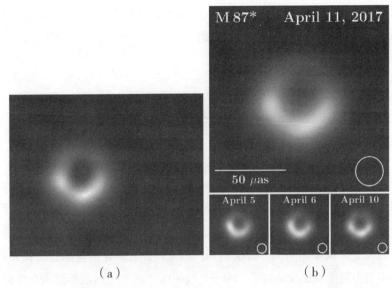

图 2.18 （a）"视界"望远镜对外公布的照片,（b）它的"冲洗（数据压缩）"过程

此外,"亮环"明显呈现不对称性,其中左下角比右上角要亮（环最亮和最暗处辐射流量比值大约为 10）。这种不对称的圆环状结构正是爱因斯坦广义相对论预言的黑洞阴影的典型特征,其中绕黑洞旋转的等离子体朝向我们一侧则会变亮而远离我们的一侧会变暗。这是对爱因斯坦的广义相对论的再一次证实。从观测结果也可以得到下面几点结论:

（1）"视界"望远镜看到的中间暗影就是对应的黑洞视界范围,也就是说人类第一次看到了黑洞图像或者说证实了黑洞的真实存在;

（2）圆环状结构说明其亚毫米波辐射主要来自于黑洞周围的吸积盘,而非喷流;

（3）通过黑洞阴影和圆环大小计算出黑洞质量约为 65 亿个太阳质量,支持通过恒星动力学计算出的黑洞质量。

百年谜团,终于揭晓,人类对黑洞研究将迈入一个新的阶段。可以

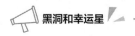

说"人类首张黑洞照片"是在 2016 年发现引力波之后人们寻找到了爱因斯坦广义相对论最后一块缺失的拼图。

2.2 黑洞面面观

黑洞是根据理论天体物理和宇宙学理论，借助于爱因斯坦的相对论而预言的存在于宇宙中的一种天体（区域）。有关黑洞的描述、模型的确立和在宇宙中寻找黑洞，目前来说都还是比较错综复杂的。简单来说，黑洞是一个质量相当大、密度相当高的天体，它是在恒星的核能耗完后发生引力坍缩而形成的结果。由于光线无法"逃逸"，所以黑洞不会发光，不能用光学天文望远镜看到，但天文学家可通过观察黑洞周围物质被吸引时的情况，找到黑洞的位置，发现和研究它。对于一般的天文爱好者而言，认识和了解黑洞可以帮助我们认识宇宙的物质的多样性、满足我们的好奇心，同时也可以激发我们探索未知世界的热情。

2.2.1 各种各样的"妖怪"

对于目前我们研究的黑洞，基本上是根据其质量的大小而分类的。分辨标准是黑洞能有多少个太阳质量，一般 3 ~ 20 个太阳质量为恒星级黑洞；6 ~ 80 个太阳质量是活跃度极强的黑洞；而质量达到百万，甚至上百亿个太阳质量的，就是超大质量黑洞了，也称为星系级黑洞；质量在 100 ~ 1000 个太阳质量的黑洞，称为中等质量黑洞，目前这样的黑洞发现的数量极少，所以，也被称为"黑洞沙漠"。

1. 恒星级黑洞（3 ~ 20 个太阳质量）

X 射线双星是由一颗辐射 X 射线的致密天体和一颗普通的恒星组成

的双星系统，其中致密天体
可能是黑洞、中子星或者白
矮星。当致密天体为黑洞时，
我们就称之为黑洞 X 射线双
星（见图 2.19）。那么我们怎
么才能知道其中的致密天体是
黑洞呢？在 X 射线双星中，中
心致密天体通过"星风"吸积
伴星的物质，形成吸积盘。对
于恒星级质量的黑洞或中子星
来说，吸积盘内区的温度非常
高，辐射主要在 X 射线波段，

图 2.19 天鹅座 X–1 星

因此我们更容易从 X 射线波段发现它们，对于爆发类天体，射电观测等
或许能提前知道爆发信息。

对于由两个天体组成的绕转系统来说，如果轨道角度合适，则有可
能看到食现象，这样可以测到周期性变化。即使没有看到食现象，由于
绕转，作为伴星的恒星谱线会呈现出正弦多普勒位移特征，这种特征也
可以得到绕转周期（谱线的周期就是黑洞双星绕转周期）。通过恒星颜色，
现在可以很好地确定其伴星的质量。如果合理确定双星轨道倾角，那么
就可以计算出中心致密天体的质量。在 20 世纪 60 年代，通过 X 射线观测，
发现天鹅座 X–1（Cyg X–1）是一个非常强烈的 X 射线源，其伴星为一颗
超巨星，质量约为 20 个太阳质量，其轨道周期约为 5.6 天，通过谱线多
普勒效应测得的速度约为 70 千米 / 秒，计算发现这个 X 射线源的最小质
量也应该是 5 ～ 10 个太阳质量，这远远超过了白矮星或中子星的质量上
限，因此它很有可能就是"黑洞"，当时，这个源被认为是第一个黑洞候
选体。最后，在 1972 年被证实。到目前为止，在银河系内已经发现几十

颗黑洞 X 射线双星候选体，其大小为 5 ~ 20 个太阳质量，当然还有更多的黑洞还在黑暗中沉睡。

2. 黑洞舞者（6 ~ 80 个太阳质量的双黑洞）

2016 年 2 月 11 日，美国激光干涉引力波天文台（LIGO）宣布人类首次发现引力波，证实了爱因斯坦百年前的预言。到目前为止，已经探测到了 10 次双黑洞合并（见图 2.20）产生的引力波信号，并且发现了一例双中子星合并事件。2019 年 4 月 1 日，LIGO 升级后恢复开机，启动第三轮引力波探测，此次升级后，LIGO 的灵敏度比以前提高了 40%，同时欧洲 Virgo（引力波探测器）也将同时启动探测，预计将能探测到更多的黑洞合并事件，有可能从以前的每月一次事例增加到每月数十次，从而使引力波事件成为常态，特别是有可能探测到以前没有看到的黑洞和中子星合并所发出的引力波。在前两轮探测中，双黑洞质量范围大概为 6 ~ 40 个太阳质量，合并后形成的黑洞质量在 10 ~ 80 个太阳质量，这大大突破了以前通过 X 射线双星确定的黑洞质量。

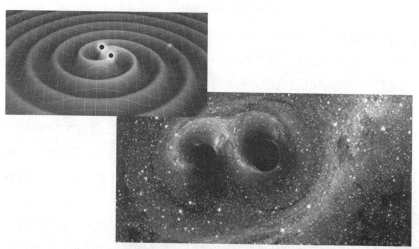

图 2.20　利用引力波探测器探测到的双黑洞合并图像，左上角为模拟双黑洞周边的引力波的存在

3. 巨型黑洞（百万到百亿个太阳质量的星系级黑洞）

类星体是 20 世纪 60 年代天文四大发现之一（另外三个分别为脉冲星、微波背景辐射和星际有机分子）。类星体是一种星系，但看上去非常致密，像恒星，因此得名类星体。这类天体红移很高，目前最高约为 7（就是它远离我们的速度达到了 0.7 倍的光速），距离地球可以达到 100 亿光年以上，单位时间发出的能量可高达 10^{48} 尔格 / 秒（远远高于普通星系的光度）。这么小的体积，能持续发出这么强的辐射，这种辐射不可能来自于像普通星系那样的恒星发光，因此这类天体的能源机制一直令天文学家感到困惑。后来，人们开始慢慢认识到这种星系中心可能存在一个巨型黑洞（黑洞质量为 $10^6 \sim 10^{10}$ 个太阳质量），围绕黑洞有一个高速旋转的吸积盘，吸积盘把一部分物质的引力能变为热能并辐射出去（见图 2.21）。

图 2.21　黑洞、吸积盘、喷流

除了类星体外，人们也慢慢认识到可能所有的星系中心都存在一个巨型黑洞，且发现黑洞质量和星系核球之间存在非常紧密的关系（线性

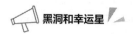

相关）。因此，从星系演化的角度来说，可能不仅仅是星系造就了其中心的巨型黑洞，中心黑洞也严重影响了整个星系甚至宇宙的演化，否则很难解释星系核球与黑洞质量之间紧密的关系。我们银河系中心就存在一个巨型黑洞，欧洲天文学家贾斯等人利用该黑洞周围数十颗恒星动力学测量，测得这个黑洞质量为 400 万个太阳质量（见图 2.22）。黑洞周边，没有"掉进"黑洞的恒星，会得到黑洞的加速，由此现象我们可以判定黑洞的存在。

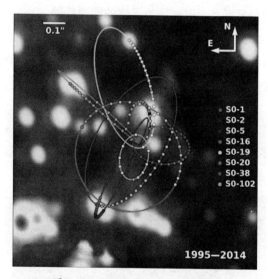

图 2.22　黑洞周边动力学测量

4. 中等质量黑洞——黑洞沙漠

相比于比较公认的超大质量黑洞和恒星级黑洞，中等质量黑洞（$10^2 \sim 10^3$ 个太阳质量）存在的证据初露端倪，但大家认可度还不高。初步候选体包括：1）矮星系中心黑洞，由于黑洞质量和星系核球质量存在较好的相关性，因此中小星系中可能会发现中等质量黑洞，这类矮星系可能没有经历主要合并过程，因此没有长大；2）极亮或超亮 X 射线源，这类源一般位于星系"非"中心位置,但光度可以达到 10^{39} 尔格 / 秒甚至 10^{42} 尔格 / 秒以上(即超过或远超过恒星级黑洞的光度)。星系 ESO 243–49 边缘的 HLX–1 是个特殊的极亮 X 射线源(见图 2.23),大约每 400 天爆发一次,最高光度可以超过 10^{42} 尔格 / 秒,从 X 射线部分黑体谱及吸积盘不稳定性等方式限定都表明其中心黑洞质量可能为 10^{4} ～ 10^{5} 个太阳质量。因此,该源是中等质量黑洞最好的候选体之一。球状星团中也是中等质量黑洞存在的热门候选天体,目前已经利用多种方法搜寻,但结果都还相当不确定。相比而言,中等质量黑洞似乎还是一个沙漠地带。寻找中等质量黑洞,对理解黑洞形成和演化将起到至关重要的作用。期望不久的将来,随着高灵敏度、大视场的望远镜或空间引力波计划的建成和投入观测,中等质量黑洞的沙漠能变成绿洲。

图 2.23　通常位于星系边缘的中等质量黑洞

2.2.2　黑洞有什么"表现"

1. 喷流和吸积盘

黑洞的贪婪是闻名于世的,但有一小部分黑洞还是没有那么贪婪,

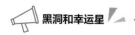
会把其中一部分物质以极高的速度抛向宇宙空间，这就是所谓的喷流（为了给黑洞正名，需要指出有很多黑洞可能还比较慷慨，可能把 90% 以上的吸积物质又抛向了宇宙空间，即盘风）。喷流已经在不同尺度天体中都发现了，比如黑洞 X 射线双星、超大质量黑洞天体、大质量恒星塌缩或双中子合并导致的伽马射线暴等。目前关于喷流的产生机制依旧是个谜，特别是黑洞附近的等离子体如何被准直并加速到接近光速远离黑洞的。由于星际等离子体都带有一定的磁场，当这些等离子体被黑洞俘获以后，会向黑洞靠近，等离子体中的磁场也会随着等离子体一边旋转一边向黑洞靠近，形成螺旋形结构（见图 2.24）。

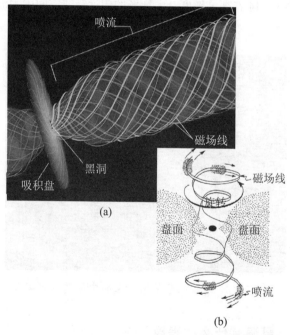

图 2.24　黑洞和喷流以及吸积盘形成简图

一些还未掉入黑洞的等离子体就有可能顺着磁力线改变方向被黑洞加速喷出，从而远离黑洞。由于磁场的作用，远离的等离子体会在黑洞边缘绕转并被准直，在一定距离以后速度可以达到 0.9 甚至 0.999 倍光速以上，这就形成了我们看到的相对论性喷流现象。如果相对论性喷流指向我们地球，我们看上去就类似于"类星体"，在很小的范围内产生极大的能量。相对论效应导致喷流的辐射会被放大几百到几万倍，以至于我们看到的辐射可能完全由喷流辐射主导，其黑洞吸积盘或星系的辐射完全看不到（比如耀变体 blazar）。喷流对理解很多高能天体物理现象有至关重要的作用，但总体而言，我们对喷流如何形成、能量从哪里来（黑洞还是吸积盘）、如何准直、如何加速、能量如何耗散等关键物理过程都还知之甚少，有待深入研究。

2. 黑洞的力学表现

从力学角度来说，黑洞的定义可以是这样的：它是一个时空区域，其中引力场是十分强大的，以至于任何物质都不能逃逸出去，它具有非常高的物质密度，它的体积由史瓦西半径来确定。

表 2.1 列举了各种物体的一些引力参数，可以看到，黑洞与其他物体是怎样不同。由于黑洞中心是一个奇点，其密度远比表里所列举物体的密度大得多，几乎无法用数字描述。它的视界就是史瓦西半径所确定的界面。

黑洞也能产生潮汐引力，其大小决定于黑洞物质的密度，密度越低黑洞外部时空弯曲越小。而在黑洞的视界面上引力为零。用经典观点来解释，就是在视界上，离心力与引力抵消。

表2.1　黑洞与其他物体的区别

物体	质量 /kg	尺度（半径 R）	史瓦西半径 R_g	引力参数（R_g/R）
原子	10^{-26}	10^{-10}m	10^{-53}m	10^{-47}
人体	10^2	1m	10^{-25}m	10^{-25}
地球	10^{25}	10^7m	10^{-2}m	10^{-9}

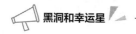

续表

物体	质量/kg	尺度（半径 R）	史瓦西半径 R_g	引力参数（R_g/R）
太阳	10^{36}	10^9m	10^3m	10^{-6}
中子星	10^{36}	10^4	10^3m	10^{-1}
宇宙	10^{59}	10^{10} 光年	10^{10} 光年	1

3. 黑洞的电磁学表现

坍缩成黑洞之前的恒星一般都具有磁场，形成黑洞之后它们会从星际介质中吞噬带电粒子（电子、质子），所以黑洞应当具有电磁性质。但是黑洞带电总量是受到限制的，超过一定的限度，黑洞的视界就被向外排斥的强大的电子斥力摧毁。带电限度与它的质量成正比。

由于引力的存在，时空不再是我们多少年以来的那种概念——空间笛卡儿坐标描述，时间是连续均匀的流失（牛顿的绝对时空）。空间变得弯曲了，时间也不再是绝对的，而是变得有弹性了，甚至在一定情况下会发生冻结。特别是在高密度的中心区域，空间弯曲更为明显。科学家发现，一个遥远的星体发出光线，在通过很长的距离传到我们的地球时，我们同时可以看到几个像，这就是因为光线在传播的过程中，受到沿途其他星体（质量）的引力作用，使光线产生了偏折的原因。许多黑洞，就是靠这种光线弯曲的测量而被探测到的。

4. 黑洞无毛定理

按照黑洞的研究理论，黑洞是一个单项膜（单方向膜）。无论什么样的物质只能进入而不能出去。坍缩的最后结果造成黑洞内部的物质成分都是一样的。原子内的电子被质子俘获变成了相同的中子。所有进入视界的物质只能改变黑洞的质量。最终的黑洞只需要质量、角动量、电荷这三个参量完全确定其时空结构。这一结论称为黑洞"无毛定理"（No-hair theorem）（见图 2.25）。除了质量、角动量和电荷三根"毛"外，静态黑洞的其他"毛发"全部消失了。应该叫"三毛"定理?

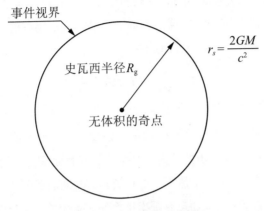

图 2.25　黑洞无毛定理

它是由惠勒最先提出，经霍金等人证明的。其定理的意义告诉人们，黑洞与引力坍缩前的物质种类无关，也与物体的形状无关。引力坍缩丢失了几乎全部信息。任何有关黑洞形成之前的大量复杂信息都不可能在黑洞形成之后知道，我们能够得到的只是黑洞最终的质量、旋转速度、电荷量。

5. 黑洞面积不减定理

黑洞的边界称为"视界"，它是恰不能从黑洞逃逸的光线在时间一空间的轨迹形成的。由史瓦西黑洞视界半径：$r_g = 2m = \dfrac{2Gm}{c^4}$，其视界面积为 $A = 4\pi m^2 = \dfrac{16\pi G^2 m^2}{c^4}$，即面积与其质量平方成正比。在经典黑洞理论范围内，任何物质（包括光子）都不能逃离黑洞，黑洞的质量增大，其面积不会减少，显然这符合视界面积不减定理。

6. 黑洞的热力学表现

由面积不减定理可得 $\delta A = 0$，A 为黑洞面积。这和热力学第二定律相似，热力学第二定律指出：自然界的熵只能增加，不能减少。

以色列物理学家贝肯斯坦和斯马尔又各自给出了一个关于黑洞的重要公式。研究了无毛定理以后，我们知道由总质量 M、总角动量 J、总电荷量 Q 可以完全确定一个黑洞，A、V、Ω 分别表示黑洞的表面积、转动角速度和表面静电势，K 为表面重力，有

$$\delta M = \frac{K}{8\pi}\delta A + \Omega\delta J + V\delta Q$$

此公式与热力学第一定律的数学表达式 $\delta U = Td S + \Omega\delta J + V\delta Q$ 很相似，式中 U、T、S 分别表示热力学系统的内能、温度、熵，而黑洞的表面重力 K 非常像温度。通过进一步的研究：即稳态黑洞表面重力 K 为常数，这和热力学第零定律表述：处于热平衡的系统具有相同的温度 T 十分相似。

另外一个性质：不能通过有限次操作使 K 降为 0；这和热力学第三定律：不能通过有限次操作使温度 T 降为 0 相类似。

以上对比可知，黑洞的热力学表现和热力学定律很相似。

7. 黑洞的奇性定理

黑洞类型中，克尔西黑洞和克尔—纽曼黑洞都是严格对称的，但是在实际中我们研究的星体几乎都不是严格对称的，这一事实导致了爱因斯坦引力方程无法求解。在 20 世纪 60 年代，牛津大学教授彭罗斯和剑桥大学教授霍金用整体微分几何得出了几个奇性定理，说明偏离球对称的、质量超过中子星上限的星体坍缩最终结果必然出现奇点。由宇宙监督假设理论，在自然界不存在没有视界的裸露奇点，有奇点必然有视界，就必然存在黑洞。也可以说，质量超过中子星上限的任何星体（不论是否严格对称），其最后归宿都成为黑洞。

奇性定理证明了：真实的时间一定有开始，或者一定有结束，或者既有开始又有结束。

8. 黑洞的霍金辐射和黑洞的寿命

我们都知道真空是量子场系统的能量最低状态。由于真空涨落，真

空中不断有各种各样虚的正负粒子对产生，但是不允许有实的负能态存在，正负离子对产生后很快消失，都不能被直接观测到。但是，由于黑洞的单向膜不同于一般真空，在那里允许存在相对于无穷远处观测者的负能态。然而，在视界外部紧靠视界的地方，如果产生涨落，就有可能通过量子力学中的隧道效应穿过边界进入黑洞内，此时，正粒子会跑到无穷远处，而负粒子进入黑洞，顺时针运动落向奇点。于是粒子从黑洞逃逸出来，这就是著名的霍金辐射。

黑洞的霍金辐射，说明其能量随着波长分布等同于 1900 年普朗克的黑体辐射公式。因而，黑洞是具有一定温度的黑体。研究表明，当黑洞温度比周围温度低的时候，黑洞向外辐射小于从外界吸收的质量，黑洞的质量就会增加；当黑洞温度比周围温度高的时候，黑洞就会逐渐蒸发以至爆炸而最后消失，经典理论面积不再成立。由此可知，黑洞的质量越大，其寿命越长。

2.3 找寻黑洞

黑洞的探测一直是神秘而强烈吸引大众眼球的。它既是一个理论问题、也是一个实践观测的问题；既是天文学的研究范畴，也是理论物理甚至技术科学的研究领域；也可以说，既是一个科学话题，同时也是一个社会学的大众话题。总之，它时刻吸引着人们的注意力。

2.3.1 靠什么发现黑洞

霍金告诉我们，黑洞不是只进不出，它有所谓的"霍金辐射"，但是，有"虚"粒子形成的这种辐射，目前只是理论上的存在，我们无法探测，所以，我们还是看不见黑洞。对于这个无法直接观测的神秘天体，目前，我们看见它的唯一途径只有间接观察：捕捉它与宇宙中其他物质发生相互作用时产生的片片涟漪。

1. 看见黑洞的第一个途径：恒星绕着黑洞转

我们已经知道，在绝大多数星系的中心，都存在着一个超大质量黑洞。正如地球绕着太阳转，星系中的恒星也都绕着这个超级黑洞旋转着。

从 1995 年起，天文学家开始对银河系中心"人马座 A"区域附近的 90 颗恒星进行轨迹观测和记录（见图 2.26），这些记录清晰地显示：所有恒星都围绕着一个黑暗的中心运动着。20 年中，这 90 颗恒星中的一颗名为 S2 的恒星完成了一次完整的绕行。根据 S2 的轨道数据，我们终于计算出了银河系中心这个黑暗天体的基本数据：质量约 430 万个太阳质量，半径约为 0.002 光年。这样一个高密度不发光的天体，几乎只可能是黑洞。

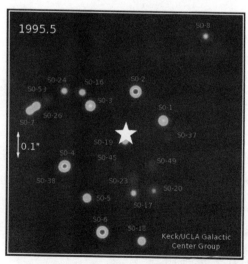

图 2.26　恒星绕人马座 A 运动的轨迹

2. 看见黑洞的第二个途径：黑洞"吃东西"会发射出 X 射线

根据角动量守恒原理，在物质逐渐靠近并被吸入黑洞的过程中，物质（比如一颗恒星）会被黑洞的巨大引力撕扯成气体，并在黑洞视界的外围形成一个旋转的气体吸积盘，其中的气体一边旋转一边向视界靠近，最终被吸入黑洞（见图 2.27）。

黑洞吸积盘中气体的转速很高，而且越靠近视界速度就越快，高速气体之间的剪切摩擦会产生大量的热量，使吸积盘中心部分气体的温度达到惊人的高度并发出高强度的 X 射线。

图 2.27　黑洞"吞吃"恒星的过程

任何物体都有不断向外辐射电磁波（热辐射）的本领，物体温度越高，辐射的电磁波波长越短。人体发出的热辐射位于红外波长，这是红外夜视仪工作的基础。而温度极高的黑洞吸积盘的热辐射波长极短，为 X 射线。那么，通过对吸积盘所发射 X 射线的观测，我们是不是就可以看到黑洞？

答案是肯定的。我们可以捕捉到来自天体的 X 射线（见图 2.28），并由此推断黑洞的存在。

图 2.28　NASA 观测到的来自黑洞的 X 射线

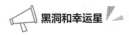
实际上，我们看到的也只是黑洞吸积盘的光学图像（4月10日公布的黑洞照片）。而那个"甜甜圈"中间的部分，就是我们梦寐以求的黑洞。

3. 看见黑洞的第三途径：黑洞和可见恒星的双星系统

这个可以算是前两种办法的集合体。当黑洞和可见的恒星组成双星系统，彼此绕行，前面讲过的两种现象将同时发生：我们可以看到恒星围绕黑洞的运动轨迹，也可以看到恒星物质周期性被吸入黑洞而产生的吸积盘 X 射线。

事实上，天文学上的第一个"黑洞有效候选人"Cygnus X-1 就是通过这种方式，在 1972 年被观测到的（见图 2.29）。

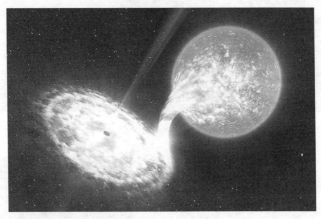

图 2.29　黑洞和可见恒星的双星系统

4. 看见黑洞的第四个途径：观测两个黑洞合并产生的引力波

2016 年 2 月 11 日，LIGO 科学合作组织和 Virgo 团队宣布它们利用高级 LIGO 探测器（激光干涉引力波天文台）首次探测到了引力波信号。

而 LIGO 探测到的引力波信号，来自于两个黑洞的融合，是两个"宇宙恶魔"你死我活而激起的空间震颤（见图 2.30）。来自 LIGO 的引力波信号，不仅是广义相对论的最直接证据，也是"黑洞存在"迄今为止的最有力证据。

图 2.30 超级计算机模拟的两个黑洞合并产生的引力波

2.3.2 如果黑洞靠近地球

在宇宙中，有无数的黑洞隐藏在不同的区域，据推测，仅仅是我们银河系，就至少有几百万个黑洞。这么多的黑洞，会不会哪一天其中一个就流窜到太阳系附近呢？

如果它们真的能够流窜到太阳系周边，可以想象，这对于我们来说绝对是毁灭性的灾难，没有任何反抗的余地。好在宇宙的空间是如此之大，即使是上百万个黑洞也分布得非常稀疏，我们不太可能与黑洞遭遇。那么，假设黑洞真的靠近地球，我们会看到什么呢？

首先，我们的大气会首当其冲，遭受到灭顶之灾。黑洞的引力太过强大，直接剥夺走地球的大气。地球表面所有的空气会形成一个超级龙卷风，携带着巨大的能量，全部涌入黑洞之中（见图 2.31）。

当然，我们也会被风裹挟着飞进黑洞。假设有一个有超能力的人，不但不会被黑洞吸走，而且不需要呼吸，在没有空气的地球上还能生存。

那么，他接下来会看到什么呢？

图 2.31　假如黑洞靠近地球

当黑洞的引力越来越强，连地表也都无法承受黑洞的引力，地面开始撕裂，岩浆开始喷发。当所有的物体都被吸进去后，这位超人也难逃厄运，被吸向黑洞。

我们知道，一个物体受到另一个物体的万有引力大小，与距离有关。由于黑洞的引力太过于巨大，即使是一米多长的人，头和脚受到的引力也会有巨大的差别。在这样的条件下，这个人会被拉得很长，而且离得越近，拉得越长，人变得比一根面条还要细。

在他进入黑洞视界范围以内之前，他看到的将是一片漆黑。当他越过视界范围的边界那一瞬间，他的本质也会发生变化。

最终，在黑洞的奇点内，这个人被彻底"分解"，完全消失，转化为能量，储存在奇点中，等待着黑洞的霍金辐射回到宇宙空间，或者等到奇点大爆炸时成为新天体的养料。

那么，如果黑洞靠近地球，人类该怎么办？这个问题虽说有点"调侃"，但是，在科学的基础上，发挥一下想象力也是可以的。

采取什么方法，这取决于黑洞的质量和速度。

方法 1：什么也不做。

如果黑洞不是太大（宇宙中有许多的微型黑洞），比如它的质量小于地球的 1%，那么人类还有很好的生存机会。假设它以 200 千米 / 秒的速度行驶，其质量为地球的 1%，并直接与地球碰撞。当这个黑洞接近地球时，你会感觉到重力方向的微小变化。取决于黑洞到达地球时你在地球上的位置，除非靠近的地方，否则你不需要将任何东西栓到地面上。

但是，你肯定不想它过于接近或进入地球的路径。在 630 千米左右的范围（地球半径为 6378 千米），都会感受到来自黑洞的 1g 大小的拉力。在 315 千米内，拉力将达到 4g。但持续时间只有 2 ~ 4 秒。所有的东西都必须用螺栓固定住。距离 150 千米处的地方将遭到大规模破坏，在 50 千米范围内会遭到彻底破坏。但是，如果黑洞更大并且行进速度更慢，那么破坏会成倍地增加。当一个有地球质量 10% 的黑洞，以 50 千米 / 秒的速度行进时，将彻底毁灭一切（见图 2.32）。

图 2.32　黑洞将彻底毁灭一切

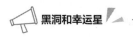

方法2：使黑洞从其轨迹偏移。

有人设想，可以发射一个高动量的大量离子流，它将以垂直于黑洞轨道的角度进入事件视界。如果这个黑洞不太大，这将使黑洞从其轨迹偏移。不过这需要很长时间才能完成，黑洞早期的微小推动会导致几十年后的轨道偏离。

方法3：推动地球偏离现在的轨道。

只需要将地球的轨道推出几千千米（取决于黑洞的质量）。推动地球需要建立大量的氢融合火箭，巨大的离子推进器。不过这也需要大量的时间才能完成。

但是，如果黑洞非常大，有一个太阳质量那么大或者更大，那么你需要距离它1亿千米以上，否则它会严重地破坏地球的轨道，使得气候遭到破坏。

方法4：星际移民。

未来可能会使用的一种方式。当地球不能够支持人类的生存或者地球受到威胁时。我们可以移居到火星或其他外星球上。这一切都必须建立在人类科技十分发达的基础上。

2.3.3 十大奇异黑洞

黑洞是宇宙中最为强大和最为神秘的天体之一。美国宇航局对一系列令人惊异的黑洞图片进行了汇编整理，刊登了10幅黑洞图片。

1. 超大质量黑洞的产生

超大质量黑洞（见图2.33）一般产生于大星系的中心，那里的恒星密度很大。一般恒星之间的平均间距为1光年（其他区域为4光年），有许多死亡了的恒星，号称是"恒星坟场"。

图 2.33　这幅照片由钱德拉 X 射线望远镜拍摄，展示了半人马座 A 星系内一个超大质量黑洞产生的影响

2. 双黑洞

照片同样由钱德拉望远镜拍摄，展示了 M82 星系。这个星系拥有两个明亮的 X 射线源。美国宇航局认为照片中的这些点可能就是两个超大质量黑洞的"出发点"（见图 2.34）。研究人员认为黑洞在恒星耗尽燃料，燃烧殆尽后形成，自身的引力导致恒星塌陷并发生爆炸。恒星物质塌陷后的密度无限大，形成一个终极时空曲线。

图 2.34　照片中的这些点可能就是两个超大质量黑洞的"出发点"

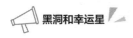

3. 婴儿黑洞出生

美国宇航局宣布，它们第一次观测到附近一个星系内发生的黑洞"诞生"过程。这个黑洞由爆炸的恒星形成。这个"婴儿"黑洞位于 M100 星系，距地球大约 5000 万光年。这一发现让宇航局陷入兴奋之中，因为它们终于知道了一个黑洞的"出生日期"（见图 2.35），进而让科学家对黑洞的研究达到一个前所未有的程度。

图 2.35　婴儿黑洞

4. 黑洞"对撞"

借助于爱因斯坦相对论确定的证据，科学家认为黑洞一定存在。专家们利用爱因斯坦对引力的认识得出黑洞拥有惊人引力这一结论。图 2.36 所用的数据来自于钱德拉 X 射线望远镜的观测以及哈勃太空望远镜拍摄的一系列照片。宇航局认为图片中的两个黑洞相互旋向对方，这种状况已经存在了 30 年。它们将最终合并成一个更大的黑洞。

5. 宇宙探照灯

M87 星系向外喷射电子流（见图 2.37），电子流由一个黑洞（就是 2019 年 4 月 10 日的那个"甜甜圈"）提供能量。这些亚原子粒子以接近光速的速度移动，说明星系中央存在一个超大质量黑洞。超大质量黑洞是星系内质量最大的黑洞，M87 星系的黑洞据信已经吞噬了相当于 20 亿颗太阳的物质。

图 2.36　头碰头

图 2.37　宇宙探照灯

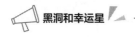
6. 弹弓效应

美国宇航局认为图 2.38 展示了存在一个被弹回的黑洞的证据,由两个超大质量黑洞彼此相撞形成一个系统所致。这个系统拥有 3 个黑洞,产生所谓的"弹弓效应"。以超新星的形式爆炸时,恒星会留下一个巨大的残余并逐渐塌陷。这种塌陷意味着它们的体积越来越小,但密度不断增加,达到无限大,最终成为黑洞。

图 2.38　弹弓效应

7. 拖曳恒星气体

艺术概念图,一个黑洞正在拖曳附近恒星的气体(见图 2.39)。黑洞之所以呈黑色是因为巨大的引力吞噬了光线。它们并不可见,研究人员需要找到相关证据,证明它们的存在。

8. 类星体

艺术概念图,展示了一个类星体(见图 2.40)。这个类星体位于一个星系中央,是一个超大质量黑洞,四周被旋转的物质环绕。类星体是处于早期阶段的黑洞,可能存在了数十亿年之久。它们据信在宇宙古代形成。

由于被物质遮住,发现类星体并非易事。

图 2.39 拖曳恒星气体

图 2.40 类星体

9. 万花筒般的色彩

一幅伪色图片(见图 2.41),所用数据来自于美国宇航局的斯皮策和哈勃望远镜,一个超大质量黑洞正向外喷射巨大的粒子喷流。这个喷流的长度达到 10 万光年，体积相当于我们的银河系。万花筒般的色彩说明喷流拥有不同的光波。人马座 A 星系中央存在一个超大质量黑洞，质量相当于 40 亿颗太阳。

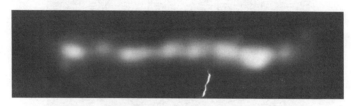

图 2.41　万花筒般的色彩

10. 微类星体

图 2.42 展示了一个微类星体。微类星体据信是质量与恒星相当的小黑洞。如果掉入这个黑洞，你能够穿过黑洞的边界，也就是事件视界。即使尚未被巨大的引力碾碎，你也无法从这个黑洞的后部穿出，逃离升天。等待你的将是无边无际的黑暗，任何人也看不到你。黑洞之旅将是一个致命的旅程。如果一个人胆敢进入黑洞，他 / 她最终将被可怕的引力撕裂。

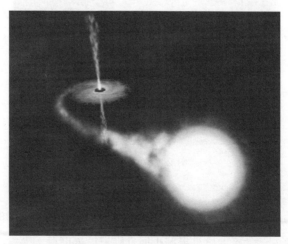

图 2.42　微类星体

第 3 章

星 云

许多人会问：黑洞"吸食"一切，那进去之后会怎样？变成了什么？会变成辐射、会最后"蒸发"、会"爆炸"成为尘埃。是的，变成尘埃、气体，天文学中称之为"星际间物质"。所以，我们的书名是《黑洞和幸运星》，是说，黑洞看上去是宇宙一切天体的坟墓，但是，它变成星云之后，就成了一切天体重生的"原料物"。当然会激发出您的"幸运星"。

要想明白这是一个怎样的宇宙"轮回"，我们要从 20 世纪 60 年代天文学的四大发现讲起，说说微波背景辐射、类星体、脉冲星和星际分子的发现；然后看看星云是如何发展成恒星、星系，以至于黑洞的；最后介绍星云"构造"的宇宙。

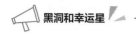

3.1　20世纪天文学的四大发现

20世纪60年代天文学的一系列发现和所取得的进展中，有4项被认为特别重要，它们是：星际分子，类星体，微波背景辐射和脉冲星。它们被誉为是60年代中的四大天文发现。这四大发现都是通过射电天文手段和方法获得的。其中的两项，即微波背景辐射和脉冲星，发现者后来都获得了诺贝尔物理学奖金。

3.1.1　微波背景中的幸运星——"小绿人"

大爆炸理论的第一个证据是宇宙微波背景辐射。宇宙微波背景辐射（又称3K背景辐射）是一种充满整个宇宙的电磁辐射。特征和热力学温标2.725K的黑体辐射相同。频率属于微波范围。

托尔曼是第一个提到有关宇宙背景辐射基础知识的人。1934年，他发现在宇宙中的辐射温度和辐射光子的频率都会随着时间的演化而改变，但当将两者一起在光谱范围里考虑时，两者的变化会抵消掉，最后会以黑体辐射的形式保留下来。但他只是注意到了辐射中温度和光子频率之间的关系，没有提到宇宙的背景辐射。

1948年，伽莫夫带领的团队估算出，如果宇宙最初的温度约为十亿度，则会残留有5~10K的黑体辐射。然而这个工作并没有被引起重视。

1964年，苏联的泽尔多维奇、英国的霍伊尔、泰勒、美国的皮伯斯等人的研究预言，宇宙应当残留有温度为几开的背景辐射，并且在厘米波段上应该是可以观测到的，从而重新引起了学术界对背景辐射的重视。美国的狄克、劳尔、威尔金森等人也开始着手制造一种低噪声的天线来探测这种辐射，然而，却是另外两个美国人无意中先于他们发现了背景辐射。

1."意外的"发现

1964 年，美国贝尔实验室的工程师彭齐亚斯和威尔孙架设了一台喇叭形状的天线（见图 3.1），用以接收"回声"卫星的信号。为了检测这台天线的噪声性能，他们将天线对准天空方向进行测量。他们发现，在波长为 7.35cm 的地方一直有一个各向同性的信号存在，这个信号既没有周日的变化，也没有季节的变化，因而可以判定与地球的公转和自转无关。

图 3.1　彭齐亚斯和威尔孙与他们的喇叭形状的天线合影

起初他们怀疑这个信号来源于天线系统本身。1965 年初，他们对天线进行了彻底检查，清除了天线上的鸽子窝和鸟粪，然而噪声仍然存在。于是他们在《天体物理学报》上以《在 4080 兆赫上额外天线温度的测量》为题发表论文正式宣布了这个发现。

紧接着狄克、皮伯斯、劳尔和威尔金森在同一杂志上以《宇宙黑体辐射》为标题发表了一篇论文，对这个发现给出了正确的解释：即这个额外的辐射就是宇宙微波背景辐射。这个黑体辐射对应到一个 3K 的温度。之后在观测其他波长的背景辐射推断出温度约为 2.7K。

宇宙背景辐射的发现在近代天文学上具有非常重要的意义，它是大

爆炸宇宙理论的第一个有力的证据，并且与类星体、脉冲星、星际有机分子一道，并称为20世纪60年代天文学"四大发现"。彭齐亚斯和威尔孙也因发现了宇宙微波背景辐射而获得1978年的诺贝尔物理学奖。

后来人们在不同波段上对微波背景辐射做了大量的测量和详细的研究，发现它在一个相当宽的波段范围内良好地符合黑体辐射谱，并且在整个天空上是高度各向同性的，是一个宇宙背景的辐射残留。

2. 微波背景探测卫星（COBE，Cosmic Background Explorer）

根据1989年11月升空的COBE测量到的结果，宇宙微波背景辐射谱非常精确地符合温度为（2.726±0.010）K的黑体辐射谱，证实了银河系相对于背景辐射有一个相对的运动速度，并且还验证，扣除掉这个速度对测量结果带来的影响，以及银河系内物质辐射的干扰，宇宙背景辐射具有高度各向同性，温度涨落的幅度只有大约百万分之五。目前公认的理论认为，这个温度涨落起源于宇宙在形成初期极小尺度上的量子涨落，它随着宇宙的暴涨而放大到宇宙学的尺度上，并且正是由于温度的涨落，造成宇宙物质分布的不均匀性，最终得以形成诸如星系团等的一类大尺度结构。

3. 威尔金森微波各向异性探测器（WMAP）的发现

2003年，美国发射的威尔金森微波各向异性探测器对宇宙微波背景辐射在不同方向上的涨落的测量表明，宇宙的年龄是（137±1）亿年，在宇宙的组成成分中，4%是一般物质，23%是暗物质，73%是暗能量。宇宙目前的膨胀速度是71千米每秒每百万秒差距，宇宙空间是近乎于平直的，它经历过暴涨的过程，并且会一直膨胀下去。

脉冲星的发现很具有故事性、戏剧性，开始天文学家把他们与"外星人"联系了起来，称他们为"小绿人"，他们正在向地球人发信号……实际上，他们是一种极具特性的天体，是大质量恒星走向灭亡的一个重要阶段，为天文学家研究黑洞等极端天体提供了很好的现实资料，所以，他们是天文学家的"幸运星"。

脉冲星（Pulsar），又称波霎，是中子星的一种，为会周期性发射脉冲信号的星体。

人们最早认为恒星是永远不变的。而大多数恒星的变化过程非常漫长，人们也根本觉察不到。然而，并不是所有的恒星都那么平静。后来人们发现，有些恒星也很"调皮"，变化多端。于是，就给那些喜欢变化的恒星起了个专门的名字，叫"变星"。

（1）小绿人一号

脉冲星，就是变星的一种。脉冲星是在 1967 年首次被发现的。当时，还是一名女研究生的贝尔，发现狐狸星座有一颗星发出一种周期性的电波。经过仔细分析，科学家认为这是一种未知的天体。因为这种星体不断地发出电磁脉冲信号，人们就把它命名为脉冲星。

脉冲星发射的射电脉冲的周期性非常有规律。一开始，人们对此很困惑，甚至曾想到这可能是外星人在向我们发电报联系。据说，第一颗脉冲星就曾被叫做"小绿人一号"（Little Green One）。

经过几位天文学家一年的努力，终于证实，脉冲星就是正在快速自转的中子星。而且，正是由于它的快速自转而发出射电脉冲。

正如地球有磁场一样，恒星也有磁场；也正如地球在自转一样，恒星也都在自转着；还跟地球一样，恒星的磁场方向不一定跟自转轴在同一直线上。这样，每当恒星自转一周，它的磁场就会在空间画一个圆，而且可能扫过地球一次（见图 3.2）。

那么岂不是所有恒星都能发出脉冲了，其实不然，要发出像脉冲星那样的射电信号，需要很强的磁场。而只有体积越小、质量越大的恒星，它的磁场才越强。而中子星正是这样高密度的恒星。

另一方面，当恒星体积越大、质量越大，它的自转周期就越长。我们很熟悉的地球自转一周要 24 小时。而脉冲星的自转周期竟然小到 0.0014

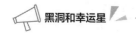

秒，要达到这个速度，连白矮星都不行。这同样说明，只有高速旋转的中子星，才可能扮演脉冲星的角色。

这个结论引起了巨大的轰动。因为虽然早在20世纪30年代，中子星就作为假说被提了出来，但是一直没有得到证实，人们也不曾观测到

图 3.2　蟹状星云中央就有一颗脉冲星发出强烈的 X 射线辐射

中子星的存在。而且因为理论预言的中子星密度大得超出了人们的想象，在当时，人们还普遍对这个假说抱怀疑的态度。

直到脉冲星被发现后，经过计算，它的脉冲强度和频率只有像中子星那样体积小、密度大、质量大的星体才能达到。这样，中子星才真正由假说成为事实。

脉冲星是20世纪60年代天文的四大发现之一。至今，脉冲星已被我们找到了不少于1620多颗，并且已被证实它们就是高速自转着的中子星。

（2）宇宙中的"灯塔"

脉冲星有个奇异的特性——短而稳的脉冲周期。所谓脉冲就是像人的脉搏一样，一下一下出现短促的无线电信号，如贝尔发现的第一颗脉冲星，每两脉冲间隔时间是 1.337 秒，其他脉冲还有短到 0.0014 秒（编号为 PSR-J1748-2446）的，最长的也不过 11.765735 秒（编号为 PSR-J1841-0456）。那么，这样有规则的脉冲究竟是怎样产生的呢？

天文学家已经探测、研究得出结论，脉冲的形成是由于脉冲星的高速自转。那为什么自转能形成脉冲呢？原理就像我们乘坐轮船在海里航行，看到过的灯塔一样。设想一座灯塔总是亮着且在不停地有规则运动，灯塔每转一圈，由它窗口射出的灯光就射到我们的船上一次。不断旋转，在我们看来，灯塔的光就连续地一明一灭。脉冲星也是一样，当它每自转一周，我们就接收到一次它辐射的电磁波，于是就形成一断一续的脉冲。脉冲这种现象，也就叫"灯塔效应"。脉冲的周期其实就是脉冲星的自转周期。

然而灯塔的光只能从窗口射出来，是不是说脉冲星的脉冲也只能从某个"窗口"射出来呢？正是这样，脉冲星就是中子星，而中子星与其他星体（如太阳）发光不一样，太阳表面各处都发亮，中子星则只有两个相对着的小区域才有波束辐射出来，其他地方辐射是跑不出来的。即是说中子星表面只有两个亮斑，别处都是暗的。这是什么原因呢？原来，中子星本身存在着极大的磁场，强磁场把辐射封闭起来，使中子星辐射只能沿着磁轴方向，从两个磁极区出来，这两磁极区就是中子星的"窗口"（见图 3.3）。中子星的辐射从两个"窗口"出来后，在空中传播，形成两个圆锥形的辐射束。若地球刚好在这束辐射的方向上，我们就能接收到辐射，且每转一圈，这束辐射就扫过地球一次，也就形成我们接收到的有规则的脉冲信号。

实际上，脉冲星并非或明或暗。它们发射出恒定的能量流。这一能

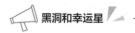
量汇聚成一束电磁粒子流，从星体的磁极以光速喷射出来。中子星的磁轴与旋转轴之间成一定角度，这与在地球上，磁北和真北的地理位置略有不同一样。星体旋转时，这一能量束就像灯塔的光束或救护车警示灯一样，扫过太空。只有当此能量束直接照射到地球时，我们才能用射电望远镜探测到脉冲星。

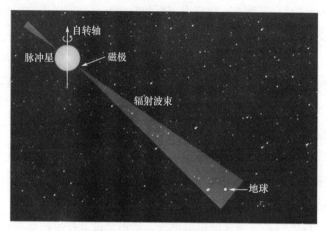

图 3.3　脉冲星的灯塔模型

即使脉冲星发出的光在可见光谱内，但由于它们实在太小，离我们又很远，所以我们无法探测到这种可见光。我们只能用射电望远镜探测它们发射出的强大的高频射电能量。

（3）脉冲星的特征

恒星在演化末期，缺乏继续燃烧所需要的核反应原料，内部辐射压降低，由于其自身的引力作用逐渐坍缩。质量不够大（约数倍太阳质量）的恒星坍缩后依靠电子简并压力与引力相抗衡，成为白矮星，而在质量比这还大的恒星里面，电子被压入原子核，形成中子，这时候恒星依靠中子的简并压力与引力保持平衡，这就是中子星。典型中子星的半径只有几千米到十几千米，质量却在 1～2 倍太阳质量之间，因此其密度可以达到每立方厘米上亿吨。

由于恒星在坍缩的时候角动量守恒，坍缩成半径很小的中子星后自转速度往往非常快。又因为恒星磁场的磁轴与自转轴通常不平行，有的夹角甚至达到 90 度，而电磁波只能从磁极的位置发射出来，形成圆锥形的辐射区。

脉冲星靠消耗自转能而弥补辐射出去的能量，因而自转会逐渐放慢。但是这种变慢非常缓慢，以至于信号周期的精确度能够超过原子钟。而从脉冲星的周期就可以推测出其年龄的大小，周期越短的脉冲星越年轻。脉冲星的特征除高速自转外，还具有极强的磁场，电子从磁极射出，辐射具有很强的方向性。由于脉冲星的自转轴和它的磁轴不重合，在自转中，当辐射向着观测者时，观测者就接收到了脉冲。

（4）脉冲星是"死亡之星"还是"幸运之星"

脉冲星被认为是"死亡之星"，是恒星在超新星阶段爆发后的产物。脉冲星也是"幸运之星"，因为它像一个为我们指路的灯塔一样，为我们"照亮"了宇宙。

超新星爆发之后，就只剩下了一个"核"，仅有几十千米大小，它的旋转速度很快，有的甚至可以达到每秒 714 圈。在旋转过程中，它的磁场会使它形成强烈的电磁波向外界辐射，脉冲星就像是宇宙中的灯塔，源源不断地向外界发射电磁波，这种电磁波是间歇性的，而且有着很强的规律性。正是由于其强烈的规律性，脉冲星被认为是宇宙中最精确的时钟。

脉冲星的存在是过去人们没有预料到的，它的性质如此奇特，以至于人们在对它的认识过程中产生了很多故事。

（5）发现了，我们不再孤单

脉冲星刚被发现的时候，人们以为那是外星人向我们发射的电磁波，我们在宇宙中找到知音了！

1967 年，英国剑桥新建造了射电望远镜，这是一种新型的望远镜，它的作用是观测射电辐射受行星际物质的影响。整个装置不能移动，只能依靠各天体的周日运动进入望远镜的视场而进行逐条扫描。在观测的过程中，项目负责人休伊什的女博士研究生贝尔小姐发现了一系列的奇怪的脉冲，这些脉冲的时间间距精确相等。贝尔小姐立刻把这个消息报告给她的导师休伊什，休伊什认为这是受到了地球上某种电波的影响。但是，第二天，也是同一时间，也是同一个天区，那个神秘的脉冲信号再次出现。这一次可以证明，这个奇怪的信号不是来自于地球，它确实是来自于天外。接下来，贝尔又找出了另外 3 个类似的源，所以排除了外星人信号，因为不可能有三个"小绿人"在不同方向、同时向地球发射稳定频率信号。再经过认真仔细研究，1968 年 2 月，贝尔和休伊什联名在英国《自然》杂志上报告了新型天体——脉冲星的发现，并认为脉冲星就是物理学家预言的超级致密的、接近黑洞的奇异天体，其半径大约 10 千米，其密度相当于将整个太阳压缩到北京市区的范围，因此具有超强的引力场。乒乓球大小的脉冲星物质相当于地球上一座山的重量。这是 20 世纪激动人心的重大发现，为人类探索自然开辟了新的领域。

1974 年，这项新发现获得了诺贝尔物理学奖，奖项颁给了休伊什，以奖励他所领导的研究小组发现了脉冲星。令人遗憾的是，脉冲星的直接发现者，贝尔小姐不在获奖人员之列。事实上，在脉冲星的发现中，起关键作用的应该是贝尔小姐的严谨的科学态度和极度细心的观测。

（6）脉冲双星和双脉冲星

赫尔斯也是个研究生，他被当作泰勒的助手派往波多黎各的阿雷西博，用大射电望远镜观测脉冲星，那是当时最好的射电望远镜，也许正是使用了这个望远镜的原因，他发现了一种奇怪的电波，这个时候距离第一颗脉冲星的发现仅仅过了七年，人们对脉冲星的了解还很肤浅，当时赫尔斯还不能立刻确信他所看到的周期变化就是事实，经过反复观测后，他才确定该系统是双体。他把这个消息电告泰勒，泰勒立刻赶往阿雷西博，他们进一步研究后认为这是一个脉冲双星，并且一起确定了双星的周期和两颗天体之间的距离。于是，第一颗脉冲双星就这样被发现了，这个发现在 1993 年被授予诺贝尔奖，这样有关脉冲星的发现就有了两项诺贝尔奖。

2003 年 12 月，*Nature* 上的一篇研究报告宣布发现了脉冲星 PSR J0737-3039，与看起来像是一颗中子星的恒星成对出现。一个月后，当来自澳大利亚 Parkes 天文望远镜的数据被重新分析时，研究人员发现该中子星实际上也是一颗脉冲星。所以这是第一个被发现的双脉冲星体系（见图 3.4），现在的名称是 PSR J0737-3039 A/B。

图 3.4 双脉冲星

脉冲双星与双脉冲星是有区别的。在脉冲双星系统中，一个脉冲星与另外一个非脉冲星（可以是中子星、白矮星，甚至是普通的主序星）相伴。在双脉冲星系统中，必须是两个脉冲星相伴。目前，已经发现的脉冲双星系统有 120 个，而发现的双脉冲星系统只有一个 PSRJ0737-3039A/B。

（7）脉冲星的研究对人类的意义

由于脉冲星是在坍缩的超新星的残骸中被发现的，它们有助于我们

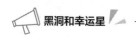

了解星体坍缩时发生了什么情况。还可通过对它们的研究揭示宇宙诞生和演变的奥秘。而且，随着时间的推移，脉冲星的行为方式也会发生多种多样的变化。

每颗脉冲星的周期并非恒定如一。我们能探测到的是中子星的旋转能（电磁辐射的来源）。每当脉冲星发射电磁辐射后，它就会失去一部分旋转能，且转速下降。通过月复一月、年复一年地测量它们的旋转周期，我们可以精确地推断出它们的转速降低了多少、在演变过程中能量损失了多少，甚至还能够推断出在因转速太低而无法发光之前，它们还能生存多长时间。

事实还证明，每颗脉冲星都有与众不同之处。有些亮度极高；有些会发生星震，顷刻间使转速陡增；有些在双星轨道上有伴星；还有数十颗脉冲星转速奇快（高达每秒钟一千次）。每次新发现都会带来一些新的、珍奇的资料，科学家可以利用这些资料帮助我们了解宇宙。

（8）著名的脉冲星（PSR=Pulsar）

人类发现的第一颗脉冲星：PSR1919+21，也就是贝尔小姐发现的那颗脉冲星，位于狐狸座方向，周期为 1.33730119227 秒；

人类发现的第一颗脉冲双星：PSR B1913+16；

人类发现的第一颗毫秒脉冲星：PSR B1913+16；

人类发现的第一颗带有行星系统的脉冲星：PSR B1257+12；

人类发现的第一颗双脉冲星系统：PSRJ0737，3039。

3.1.2 类星体和星际分子

宇宙中最早的天体是类星体吗？天文学家是怎样发现它们并命名的？它们有哪些奇特之处？天文学家给出的类星体存在的最新解释是什么？

1. 类星体的发现及命名

20 世纪 60 年代，天文学家在茫茫星海中发现了一种奇特的天体，从照片来看像恒星但肯定不是恒星，光谱似行星状星云但又不是星云，发出的射电（即无线电波）如星系又不是星系，因此称它为"类星体"。

1960 年天文学家们发现了射电源 3C 48 的光学对应体是一个视星等为 16 等的恒星状天体，周围有很暗的星云状物质。令人不解的是光谱中有几条完全陌生的谱线。1962 年，又发现了在射电源 3C 273 的位置上有一颗 13 等的"恒星"。使天文学家同样困惑的是其光谱中的谱线也不寻常。

1963 年，终于有人认出了 3C 273 谱线的真面目，原来它们是氢原子的谱线，只不过经历了很大的红移，使得谱线不易证认。循着红移这条线索，再去分析 3C 48 的光谱，得出它的红移量还要更大。设想红移产生于多普勒效应，那么 3C 273 和 3C 48 都有很大的退行速度，分别达光速的 1/6 和 1/3。对于这种在光学照片上的形态像恒星，但是其本质又迥然不同的天体，天文学家把它们命名为类星射电源。进一步的观测和研究揭示了又一类天体，它们的形态也很像恒星，而且也有很大的红移，但是没有射电辐射，被称为射电宁静类星体。

2. 类星体的特点

类星体的显著特点是具有很大的红移，表示它正以飞快的速度在远离我们而去。类星体本来就离我们很远，大约在几十亿光年以外，可能是目前所发现最遥远的天体，天文学家能看到类星体，是因为它们以光、无线电波或 X 射线的形式发射出巨大的能量。

类星体是宇宙中最明亮的天体，它比正常星系亮 1000 倍。对能量如此大的物体，类星体却不可思议地小。与直径大约为 10 万光年的星系相比，类星体的直径大约为 1 光天（light-day）。一般天文学家相信有可能是物质被牵引到星系中心的超大质量黑洞中，因而释放大量能量（喷发高能射线）所致。这些遥远的类星体被认为是在早期星系尚未演化至较稳定的阶段时，当物质被导入主星系中心的黑洞增添"燃料"而被"点亮"（见图 3.5）。

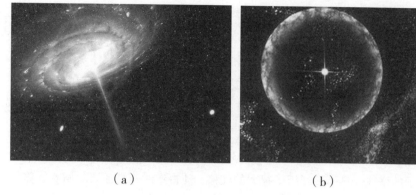

（a）　　　　　　　　　　　　（b）

图 3.5　类星体侧面（a）和正面图像（b）

由于类星体是一个难解的天体，它奇特的现象如红移之谜，超光速的移动，它的能量来自哪里，它在挑战人类的既有物理观念，它的解决，可能使我们对自然规律的认识向前跨一大步。

3. 由"谜团"组成的类星体

它们的光学体很小（光学直径 <1"），和恒星很难区别；

从帕罗马天文台 5m 望远镜所拍照片中显示，它和恒星一样，都只是一个光点；

它们有极亮（非比寻常的亮）的表面，在可见光及无线电波波段都有此特性。

它们的光谱是连续光谱及强烈的发射谱线。事实上，测得的类星体的光谱主要有三部分：由同步辐射造成的非热性连续光谱；吸积作用造成极明亮的发射谱线；星际介质造成的吸收谱线。

它们的光谱呈现巨大的红位移量。因此由哈勃定律推论，它们是极远的蓝色星系，可见光绝对亮度超过一般正常星系的 100 倍，而辐射波强度和 CygA（X 射线）星系相当。到此阶段的探查，我们将之冠上类星体 Quasar 之名（或谓类星电波源 Quasistellar Radio Source）。

类星体的绝对星等 Mv 在 $-2 \sim -33$ 等之间，这代表类星体是宇宙最亮的天体；它们是遥远活跃星系的极亮核及塞佛特星系、N 星系及电波星系强烈活动的延续。这些星系的轮廓只有在最近的类星体 3C 273 的光学影像中被辨认出，呈现模糊、扩张、云雾状的斑点；通常星系被比它亮很多的核的光芒所掩过，而呈现类星体的现象。

类星体在照相底片上具有类似恒星的像，这意味着它们的角直径小于 1″。极少数类星体有微弱的星云状包层，如 3C 48。还有些类星体有喷流状结构。

到底类星体是个什么样的天体呢？它的外形像恒星，光谱像塞佛特星系（一种 X 射线星系），辐射性质像射电星系，而目前的认定是，它是宇宙在大爆炸后，最先形成的"星系"前身。无疑它是一种非常活跃的天体；如果宇宙红移理论确实是对的，那类星体对于我们宇宙将扮演极重大的角色；它代表的是最远、最古老的宇宙，因此能从侧面反映整个宇宙的演化。也由于它极高的亮度及神秘的吸收线，更是我们研究宇宙中介物质（介于我们和宇宙边缘之间）的最佳利器。

4. 最新解释

类星体光度极高、距离极远。越来越多的证据显示，类星体实际是一类活动星系核（active galactic nuclei，AGN）。而普遍认可的一种活动星系核模型认为，在星系的核心位置有一个超大质量黑洞，在黑洞的强大引力作用下，附近的尘埃、气体以及一部分恒星物质围绕在黑洞周围，形成了一个高速旋转的巨大的吸积盘。在吸积盘内侧靠近黑洞视界的地方，物质掉入黑洞里，伴随着巨大的能量辐射，形成了物质喷流。而强大的磁场又约束着这些物质喷流，使它们只能够沿着磁轴的方向，通常是与吸积盘平面相垂直的方向高速喷出。如果这些喷流刚好对着观察者，就能观测到类星体。

宇宙间的一切物质都在运动中。遥远的星系也在运动着，它们都在远离我们而去。例如，室女座星系团正以大约每秒 1210 千米的速度离开

我们，后发座星系团约以每秒 6700 千米的速度离开我们，武仙座星系团约以每秒 10300 千米的速度飞奔而去，而北冕座星系团离开我们的速度更快，大约每秒 21600 千米。星系为什么要离开我们？我们又是怎么知道它们在运动呢？

在生活中我们都有这样的经验：在火车站站台上，一列火车呼啸着向我们奔来，汽笛的声调越来越高，当火车离开我们时，汽笛的声调逐渐降低。这是什么道理呢？ 1842 年，奥地利物理学家多普勒阐述了造成这种现象的原因：声源相对于观测者在运动时，观测者所听到的声音会发生变化。当声源离观测者而去时，声波的波长增加，音调变得低沉，当声源接近观测者时，声波的波长减小，音调就变高。音调的变化同声源与观测者间的相对速度和声速的比值有关。这一比值越大，改变就越显著，之后人们把这种现象称为"多普勒效应"（见图 3.6）。

两边频率相同

频率变高　频率变低

静止中

运动中

图 3.6　多普勒效应之火车汽笛

多普勒效应不仅适用于声波，也适用于光波。一个高速运动的光源发出的光到达我们眼睛时，其波长和频率也发生了变化，也就是说它的颜色会有所改变。虽然天文学家可以利用这一原理测量天体的运动，但是在一般情况下，天体相对于观测者的运动速度与光速相比是微不足道的，因此光源颜色的变化很难测定。

星系是巨大的恒星集团，但由于它们离我们非常遥远，每个星系往往只能在大型望远镜拍摄的底片上看到一个微弱的光点。第一个观测和

测定星系光谱的天文学家是美国的斯里弗。1912—1925 年，他拍摄了 40
个星系的光谱照片，除了两个星系外，其余都呈现波长偏长的多普勒频
移，即向光谱的红端位移（见图 3.7），所测得的离去速度高得惊人，最
高达 5700 千米每秒。

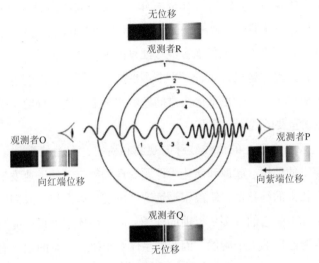

图 3.7　光波的多普勒位移

　　对星系视向速度的研究继续进行着。天文学家发现，星系的谱线位
移和恒星的谱线位移很不一样。首先，恒星的谱线位移有红移也有蓝移，
这反映恒星有的在远离我们，有的在接近我们，而星系的谱线位移绝大
多数是红移，蓝移的极少。其次，恒星的谱线位移不论是红移还是蓝移，
一般在每秒数十千米左右，最大的不超过每秒二三百千米，而星系的谱
线红移每秒 1000 千米以下的只占少数，多数是每秒 2000 ～ 3000 千米，
有的甚至达到每秒 1 万千米。

　　1929 年，美国天文学家哈勃发现，在宇宙空间不仅几乎所有的星系
都具有谱线红移现象，而且还存在着星系的红移量与该星系的距离成正
比的关系，也就是说，越远的星系正在以越快的速度飞驰而去，这被称

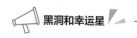

为哈勃定律。

有了哈勃定律，天文学家通过观测星系的谱线红移量，求出星系的视向速度，进而得出它们的距离。例如，一个以1700千米每秒的速度远离我们而去的星系，其距离约1亿光年；一个以17000千米每秒的速度远离我们而去的星系，其距离约10亿光年。目前已观测到的最远星系，正以与光速相差无几的速度远离我们而去，其距离达100多亿光年。

为什么星系都在离我们而去呢？红移的本质是什么，为什么会存在哈勃定律，这些问题已经争论了半个多世纪了，但一直未能得到圆满的解释，因而成了天文学里的老大难问题。实际上，这一难题正是宇宙大爆炸理论的重要的观测证据之一。

对星系普遍存在的谱线红移的观测和研究，有力地推动了以整个可观测宇宙的结构、起源和演化为课题的现代宇宙学的迅速发展。由类星体具有较大的红移值，距离很遥远这一事实可以推想，人们所看到的类星体实际上是它们许多年以前的样子，而类星体本身很可能是星系演化早期普遍经历的一个阶段。因此类星体对于研究星系的演化有重要的意义。

涉及生命起源的星际分子研究是个热门话题。从1963年应用射电天文方法检测星际分子获得成功以来，星际分子的研究有了很大的进展。星际分子源分布在星际空间中物理条件不同的各个区域，如银心、电离氢区和中性氢区、星周边物质、暗星云、超新星遗迹和红外星的附近等。有些分子（如一氧化碳）分布很广，可用来研究银河系和其他星系的旋臂结构，但也有一些分子目前只在非常致密的星云中才能找到。位于电离氢区的著名的猎户座A星云是研究得最详细的分子源之一（见图3.8），从中发现多种分子。在银心方向的人马座A和人马座B2两星云是更丰富的分子源，从中几乎能找到所有已发现的星际分子。

图 3.8　位于猎户座中的"马头"状暗星云

　　已发现的星际分子中，大部分是有机分子。还有一些是地球上没有的天然样品，甚至在实验室中也很难稳定存在的分子。天文观测还发现了不少星际分子的同位素分子。这是一种了解同位素丰度比的重要方法。多数星际分子不止看到一条谱线。有些星际分子的微波谱线在地球条件下也不易出现，这和天文光谱学的情形是相似的。

　　观测星际分子的主要工具是射电望远镜，绝大多数星际分子是靠分米至毫米波段的星际分子射电谱线发现的。也有少数分子只观测到它们的可见光和紫外、红外波段的谱线。空间天文学的发展突破了大气窗口的限制，我们能够观测到由于强烈的大气吸收而在地面无法观测到的红外、紫外等波段的谱线。星际分子的研究对于天体演化学（如巨大的星云坍缩成为恒星或星团的过程和正在"死亡"的星向星际空间抛射物质的过程）、银河系结构、宇宙化学等学科都有重要意义。微波波段的分子谱线尤其适宜于研究致密的、温度很低的、不透明的星际云。通过谱线观测可以了解星云在其各个发展阶段中的许多物理、化学特性，诸如星云的成分、形状、密度、温度、速度、运动状况和同位素丰度比等。

　　关于星际分子的形成过程及其化学演化目前还不十分清楚，有由电

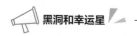

离的原子（分子）碰撞形成和靠气体云中的尘粒帮助形成等说法。弄清这许多分子特别是有机分子的形成过程，以及它们同地球上生命起源的关系，是天文学的一个新的分支——星际化学的重要课题。星际分子的发现有助于人类对星云特性的深入了解，可以帮助揭开生命起源的奥秘。

3.2 宇宙的"基本元素"

我们已经"领略"了宇宙中各种各样的天体，如果这时候问你：它们最初都是由什么演化而来的？你可能会说，星系的基本构成是恒星；黑洞是由恒星坍缩而形成的；脉冲星、中子星也来源于恒星的爆发。那么，新星、超新星、黑洞等爆发之后会成为什么呢？答案是星云（Nebula）。恒星、星系都是从什么演化而来的呢？答案也是星云。

3.2.1 星云 星系

1. 它们都是银河系之内的天体吗？

星云包含了除行星和彗星外的几乎所有延展型天体，因为，一开始对它的定义就不是很明确。原因就是星云也好，那些类似星云的天体（比如星系）也好，在当时是无法被分辨的。星云英语词根的原意就是"云"——一片模糊的东西。所以，一直以来我们有时将星系、各种星团及宇宙空间中各种类型的尘埃和气体都称为星云。

最早发现并命名星云的是法国的天文学家梅西耶，他在巡天搜索彗星的观测中，突然发现一个在恒星间没有位置变化的云雾状斑块。梅西耶根据经验判断，这个斑块形态类似彗星，但它在恒星之间没有位置变化，显然不是彗星。这是什么天体呢？在没有揭开答案之前，梅西耶将这类发现（截至 1784 年，共有 103 个）详细地记录下来。其中第一次发现的金牛座中云雾状斑块被列为第一号，即 M1（著名的"蟹状星云"），"M"是梅西耶名字的缩写字母。1871 他发表了包含 110 个星云的梅西耶星表，其中有 40 个星系（星云）。1800 年 W. 赫歇尔发表了 2500 个类似天体的星表。1864 年 W. 赫歇尔的儿子 J. 赫歇尔发表了一个星团和星云总表，后来演变为包含 10000 个以上星系（云）的新的总表（NGC）。（现在星团或星系的名字都用 M 或 NGC 来表示，如 M31，NGC224）

　　无论是在梅西耶星表（M 星表）、还是在星团星云总表（NGC）中，都是既有星云也有星系。一是因为观测无法区分星云（系）的细节；更关键的，当时的天文学家都认为，那都是银河系之内的天体，都是属于银河系的星云团。直到哈勃发现了仙女座大星云到我们的距离，远远超出银河系的尺度之后，人们才意识到，很多星云，其实是和我们的银河系一样的星系。

　　2. 星系 河外星系 星系群 星系团 本超星系群

　　哈勃开辟了河外星系和大宇宙的研究，被誉为"星系天文学之父"。1990 年 4 月 24 日，美国"发现号"航天飞机把一架大型天文望远镜送入环绕地球运动的轨道。这架"空间望远镜"命名为"哈勃空间望远镜"，就是为了纪念这位著名天文学家。1926 年，哈勃根据星系的形状等特征，系统地提出星系分类法，这种方法一直沿用至今。他把星系分为三大类：椭圆星系、旋涡星系和不规则星系。旋涡星系又可分为正常旋涡星系和棒旋星系。除此之外，也还有其他分类。对星系分类，是研究星系物理特征和演化规律的重要依据。

　　Hubble 分类法（按形态）：

　　椭圆星系（Ellipticals）：圆形或椭圆形，亮度平滑分布；

　　旋涡星系（Spirals）：中央核球加平坦的盘，有旋涡结构；

　　棒旋星系（Barred-Spirals）：中央核球 + 棒 + 平坦的盘，有旋涡结构；

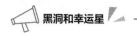
不规则星系（Irregulars）：几何形状不规则。

Hubble 分类——符号表示法（见图 3.9）

Ellipticals：En，$n=10(a-b)/a$，a 为半长径、b 为半短径。$n=0$、1、2、3、4、5、6、7。代表椭圆的扁平程度；

Spirals：Sa、Sb、Sc（无棒），SBa、SBb、SBc（有棒）；

Irregular：IrrI、IrrII。

椭圆星系（Elliptical），质量是 $10^6 \sim 10^{13}M_{太阳}$，直径 1 ~ 150kpc。其中恒星的运动比较随机轨道偏心率较大，没有（或少量）气体，没有新的恒星形成发生也就是没有年轻恒星，只有年老的恒星，没有旋臂结构。典型的椭圆星系如：NGC3115、4406 等。

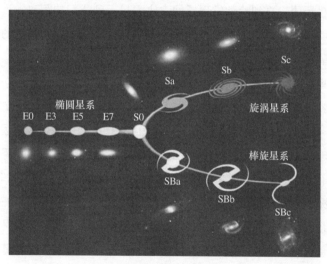

图 3.9　河外星系的哈勃分类

旋涡星系（Spiral），质量 $10^9 \sim 10^{11}M_{太阳}$，直径 6 ~ 30kpc。气体和恒星运动比较规则（整体），结构中有大量的冷气体和尘埃存在，有旋臂结构，恒星形成仍然发生，尤其是在旋臂中。典型的旋涡星系如：银河系、M31 仙女座大星云等。

不规则星系（Irregulars），质量为 $10^8 \sim 10^{10}M_{太阳}$，直径 2 ~ 9kpc。形状非常没有规律，气体和尘埃多少不定，有恒星形成发生，有些可能有恒星形成爆发，同时具有年老和年轻的恒星。典型的不规则星系如：大麦哲伦星云和小麦哲伦星云。观测统计表明，矮椭圆星系和矮不规则星系是宇宙中最丰富的天体。

目前我们观测到的星系超过 1000 亿个以上。星系在天空上的分布从宇宙大尺度来看基本上是均匀的。即使在银道面方向上由于气体和尘埃的影响在光学波段上产生的隐带中也在射电波段发现了星系。最多的星系是不规则星系，其次是旋涡星系和椭圆星系。

星系的个体空间分布是不平滑的。从两维分布和距离来看，星系有成团的倾向（万有引力的作用）。绝大部分星系（至少 85% 以上）都是出现在星系团中的。结构比较松散，成员数目比较少的称为星系群。组成没有规则。如本星系群（the-Local-Group 见图 3.10 和表 3.1）——银河系所在的星系团。大约由 40 个星系组成，是一个松散系统，星系间距离大于星系尺度。最亮的三个是旋涡星系：银河系，M31（仙女大星云），M33。其他的都是不规则星系（大部分）和椭圆星系（M32）。

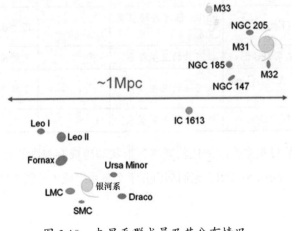

图 3.10　本星系群成员及其分布情况

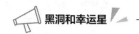

表3.1　本星系群成员特征表

星系名称	距离（10^6光年）	质量（$10^9 M_{太阳}$）	所在星座及星系类型
银河系	—	1000	SBbc
M31 仙女座大星云	2.9	1500	仙女座，Sb
M33 三角座星系	3.0，M31 的 卫星星系	25	三角座，Sc
LMC 大麦哲伦星云	0.17，银河系的卫星星云	20	剑鱼座，Irr/SB(s)m
SMC 小麦哲伦星云	0.21，银河系的卫星星云	6	杜鹃座，SB（s）m pec
M32	M31 的伴星系	30	仙女座，E2
IC1613 双鱼座矮星系	2.51，M33 卫星星系		双鱼座，Irr
M110（NGC 205）	2.9，M31 的 卫 星星系	36	仙女座，E6p
NGC 185	M31 的卫星星系		仙后座，dE3
NGC147（DDO 3）			仙后座，dE5
狮子座Ⅰ（Leo Ⅰ）	8.2，银河系的卫星星系		狮子座，dE3
狮子座Ⅱ（Leo Ⅱ）	7.01，银河系的卫星星系		狮子座，dE0
天炉座矮星系(Fornax)	银河系的卫星星系		天炉座，dSph/E2
小熊座矮星系（Ursa Minor）	银河系的卫星星系		小熊座，dE4
天龙座矮星系(Draco)	银河系的卫星星系		天龙座，dF0

　　星系数目很多，结构比较紧凑，形状和组成有规则的称为星系团，如：Coma，Virgo 星系团。它们都由几千个星系组成（见图3.11）。

（a）　　　　　　　　　　（b）

图 3.11　室女座星系团和后发座星系团

超星系团（superclusters）是由若干个星系团聚在一起形成的更高一级的天体系统，又称二级星系团。通常，一个超星系团只包含几个星系团。超星系团的存在说明宇宙空间的物质分布至少在 100 百万秒差距的尺度上是不均匀的。20 世纪 80 年代后，天文学家发现宇宙空间中有直径达 100 百万秒差距的星系很少的区域，称为巨洞。超星系团同巨洞交织在一起，构成了宇宙大尺度结构的基本图像。本星系群所在的超星系团称为本超星系团。较近的超星系团有武仙超星系团、北冕超星系团、巨蛇-室女超星系团等。

3. 星云分类和著名的星云

现在我们所说的星云，更准确地说就是"星际物质"。宇宙空间，并不是一无所有、黑暗寂静的真空，而是存在着各种各样的物质。这些物质包括星际气体、尘埃和粒子流等，成团之后被称为星云。

星际物质与天体的演化有着密切的联系。观测证实，星际气体主要由氢和氦两种元素构成，这跟恒星的成分是一样的。其实，恒星就是由星际气体"凝结"而成的。星际尘埃是一些很小的固态物质，成分包括

碳化合物、氧化物等。

星际物质在宇宙空间的分布并不均匀。在引力作用下，某些地方的气体和尘埃可能相互吸引而密集起来，形成云雾状。人们形象地把它们叫做"星云"。按照形态，银河系中的星云可以分为弥漫星云、行星状星云等几种。

同恒星相比，星云的质量更大、体积更大。一个普通星云的质量至少相当于上千个太阳，半径大约为 10 光年。但是，星云的物质密度十分稀薄，每立方厘米 10 ~ 100 个原子（事实上这比地球上的实验室里得到的真空还要低得多），主要成分是氢。根据理论推算，星云的密度超过一定的限度，就要在引力作用下收缩，体积变小，逐渐聚集成团。一般认为恒星就是星云在运动过程中，在引力作用下，收缩、聚集、演化而成的。恒星形成以后，又可以大量抛射物质到星际空间，成为星云的一部分原材料。所以，恒星与星云在一定条件下是可以互相转化的。恒星也有自己的生命史，它们从诞生、成长到衰老，最终走向死亡。它们大小不同，色彩各异，演化的历程也不尽相同。恒星与生命的联系不仅表现在它提供了光和热。实际上构成行星和生命物质的重原子就是在某些恒星生命结束时发生的爆发过程中创造出来的。

星云常根据它们的位置或形状命名，例如：猎户座大星云，鹰状星云等。

（1）发射星云

发射星云是受到附近炽热光亮的恒星激发而发光的，这些恒星所发出的紫外线会电离星云内的氢气（H II regions），令它们发光。在天空中有很多为人熟悉的发射星云，如 M42 猎户座大星云（见图 3.12），其目视星等为 4 等，肉眼可见。它距离我们 1600 光年，而直径为 30 光年。利用小口径望远镜就能轻易看到气状的形态以及位于其中心部分的四合星（利用大口径望远镜可看到六颗），这四合星是在猎户座大星云中心形成的。

图 3.12　M42 猎户座大星云

（2）反射星云

反射星云与呈红色的发射星云不同，反射星云是靠反射附近恒星的光线而发光的，呈蓝色。反射星云的光度较暗弱，较容易观测到的例子是围绕金牛座 M45 七姊妹星团（昴星团）的反射星云（见图 3.13），在透明度高及无月的晚上，利用望远镜便可看到整个星团是被淡蓝色的星云包裹着的。

图 3.13　M45 七姊妹星团（昴星团）的反射星云

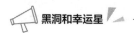

（3）暗星云

明亮的弥漫星云之所以明亮，是因为有一颗或几颗亮恒星的照耀。如果气体尘埃星云附近没有亮星，则星云将是黑暗的，即为暗星云。暗星云由于它既不发光，也没有光供它反射，但是将吸收和散射来自它后面的光线，因此可以在恒星密集的银河中以及明亮的弥漫星云的衬托下发现，和亮星云没有本质差别。著名的几个暗星云如南天的煤袋星云（见图 3.14）和北天猎户座里的马头星云（B33）。马头星云更被业余的天文爱好者视为目视深空天体观测之终极。

图 3.14　位于南十字座的煤袋星云

（4）超新星遗迹

超新星遗迹也是一类与弥漫星云性质完全不同的星云，它们是超新星爆发后抛出的气体形成的。与行星状星云一样，这类星云的体积也在膨胀之中，最后也趋于消散。最有名超新星遗迹是金牛座中的蟹状星云（见图 3.15）。它是由一颗在 1054 年爆发的银河系内的超新星留下的遗迹。在这个星云中央已发现有一颗中子星，但因为中子星体积非常小，用光学望远镜不能看到。它因为有脉冲式的无线电波辐射而被发现，并在理论上确定为中子星。

图 3.15　著名的蟹状星云中心有一颗中子星

（5）弥漫星云

弥漫星云正如它的名称一样，没有明显的边界，常常呈现为不规则的形状，犹如天空中的云彩，但是它们一般都得使用望远镜才能观测到，很多只有用天体照相机作长时间曝光才能显示出它们的美貌。它们的直径在几十光年左右，密度很低。它们主要分布在银道面附近。比较著名的弥漫星云有天蝎座大星云（见图 3.16）、猎户座大星云和马头星云等。弥漫星云是星际介质集中在一颗或几颗亮星周围而造成的亮星云，这些亮星都是形成不久的年轻恒星。

（6）行星状星云

行星状星云呈圆形、扁圆形或环形，有些与大行星很相像，因而得名，但和行星没有任何联系。不是所有行星状星云都是呈圆面的，有些行星状星云的形状十分独特，如位于狐狸座的 M27 哑铃星云及英仙座中 M76 小哑铃星云等。样子有点像吐出的烟圈，中心是空的，而且往往有一颗很亮的恒星在行星状星云的中央，称为行星状星云的中央星，是正在演化成白矮星的恒星。中央星不断向外抛射物质，形成星云。可见，

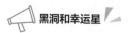
行星状星云是恒星晚年演化的结果，它们是与太阳差不多质量的恒星演化到晚期，核反应停止后，走向死亡时的产物。比较著名的有宝瓶座耳轮状星云和天琴座环状星云（见图3.17），能看到从中央星喷出的层层物质。这类星云与弥漫星云在性质上完全不同，这类星云的体积处于不断膨胀之中，最后趋于消散。行星状星云的"生命"是十分短暂的，通常这些气壳在数万年之内便会逐渐消失。

图 3.16　天蝎座弥漫星云

图 3.17　天琴座环星云

3.2.2　恒星演化和元素诞生

恒星是宇宙中最主要的天体，它由星云（团）凝聚而成，年老了之后会形成白矮星、脉冲星、中子星、黑洞等。所以，我们谈论星云和黑洞，就很有必要认识一下恒星演化的过程。

1. 恒星演化的主要阶段

恒星的演化大体可分为如下4个阶段：恒星诞生阶段：恒星处于幼年时代。目前空间红外望远镜发现了许多更早期的恒星，我们称之为"胎星"；主序星阶段：恒星处于壮年期；红巨星阶段：恒星处于中年期；白矮星阶段：恒星处于老年期。大多数恒星的一生，大体是这样度过的（见图3.18）。大质量的恒星会形成中子星、脉冲星和黑洞。下面对这4个阶段分别进行介绍。

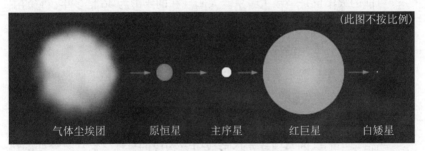

（此图不按比例）

气体尘埃团　　　原恒星　　　主序星　　　红巨星　　　白矮星

图 3.18　恒星诞生、演化简图

（1）恒星的诞生

宇宙中的星际物质在空间的分布并不是均匀的，通常是成块地出现，形成弥漫星云。星云里3/4质量的物质是氢，处于电中性或电离态，其余为氦以及极少数比氢更重的元素。在星云的某些区域还存在气态化合物分子，如氢分子、一氧化碳分子等。如果星云里包含的物质足够多，那么它在动力学上就是不稳定的。在外界扰动的影响下，星云会向内收缩并分裂成较小的团块，经过多次的分裂和收缩，逐渐在团块中心形成了

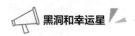

致密的核。当核区的温度升高到氢核聚变反应可以进行时，一颗新恒星就诞生了。

（2）主序星

恒星内部，氢核聚变为主要能源的发展阶段就是恒星的主序阶段。处于主序阶段的恒星称为主序星。主序阶段是恒星的青壮年期，恒星在这一阶段停留的时间占整个寿命的90%以上。这是一个相对稳定的阶段，向外膨胀和向内收缩的两种力大致平衡，恒星基本上不收缩也不膨胀。恒星停留在主序阶段的时间随着质量的不同而相差很多。质量越大、光度越大、能量消耗也越快，停留在主序阶段的时间就越短。例如，质量等于太阳质量的15倍、5倍、1倍和0.2倍的恒星，处于主序阶段的时间分别为一千万年、七千万年、一百亿年和一万亿年。

目前的太阳也是一颗主序星。太阳现在的年龄为46亿多年，它的主序阶段已过去了约一半的时间，还要50亿年会转到另一个演化阶段。与其他恒星相比，太阳的质量、温度和光度都大概居中，是一颗相当典型的主序星。主序星的很多性质可以从研究太阳得出，恒星研究的某些结果也可以用来了解太阳的某些性质。

（3）红巨星与红超巨星

当恒星中心区的氢消耗殆尽形成由氦构成的核球之后，氢聚变的热核反应就无法在中心区继续。这时引力重压没有辐射压来平衡，星体中心区就要被压缩，温度会急剧上升。中心氦核球温度升高后使紧贴它的那一层氢氦混合气体受热达到引发氢聚变的温度，热核反应重新开始。如此氦球逐渐增大，氢燃烧层也跟着向外扩展，使星体外层物质受热膨胀起来向红巨星或红超巨星转化。转化期间，氢燃烧层产生的能量可能比主序星时期还要多，但星体表面温度不仅不升高反而会下降。其原因在于：外层膨胀后受到的内聚引力减小，即使温度降低，其膨胀压力仍然可抗衡或超过引力，此时星体半径和表面积增大的程度超过产能率的增长，因此总光度虽可能增长，表面温度却会下降。质量高于 4 倍太阳质量的大恒星在氦核外重新引发氢聚变时，核外放出来的能量未明显增加，但半径却增大了好多倍，因此表面温度由几万开降到三四千开，成为红超巨星。质量低于 4 倍太阳质量的中小恒星进入红巨星阶段时表面温度下降，光度却急剧增加，这是因为它们外层膨胀所耗费的能量较少而产能较多。

预计太阳在红巨星阶段将大约停留 10 亿年时间，光度将升高到今天的好几十倍。到那时候，地面的温度将升高到今天的两三倍，北温带夏季最高温度将接近 100℃。

（4）大质量恒星的死亡

大质量恒星经过一系列核反应后，形成重元素在内、轻元素在外的洋葱状结构，其核心主要由铁核构成。此后的核反应无法提供恒星的能源，铁核开始向内坍塌，而外层星体则被炸裂向外抛射。爆发时光度可能突增到太阳光度的上百亿倍，甚至达到整个银河系的总光度，这种爆发叫做超新星爆发。超新星爆发后，恒星的外层解体为向外膨胀的星云，中心遗留一颗高密天体。

金牛座里著名的蟹状星云就是公元 1054 年超新星爆发的遗迹。超新星爆发的时间虽短不及 1 秒，瞬时温度却高达万亿开，其影响更是巨大。超新星爆发对于星际物质的化学成分有关键影响，这些物质又是建造下一代恒星的原材料。

超新星爆发时，爆发与坍塌同时进行，坍塌作用使核心处的物质压缩得更为密实。理论分析证明，电子简并态不足以抗住大坍塌和大爆炸的异常高压，处在这么巨大压力下的物质，电子都被挤压到与质子结合成为中子简并态，密度达到 10 亿吨 / 立方厘米。由这种物质构成的天体叫做中子星（见图 3.19）。一颗与太阳质量相同的中子星半径只有大约 10 千米。

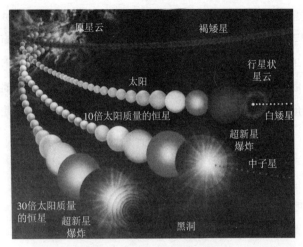

原星云　　　　　　褐矮星

太阳

行星状
星云

10倍太阳质量的恒星

白矮星

超新星
爆炸

中子星

30倍太阳质量
的恒星
超新星
爆炸　　　　　　　黑洞

图 3.19　从星云到黑洞

从理论上推算，中子星也有质量上限，最大不能超过大约3倍太阳质量。如果在超新星爆发后核心剩余物质还超过大约3倍太阳质量，中子简并态也抗不住所受的压力，只能继续坍缩下去。最后这团物质收缩到很小的时候，在它附近的引力就大到足以使运动最快的光子也无法摆脱它的束缚。因为光速是现知任何物质运动速度的极限，连光子都无法摆脱的天体必然能束缚住任何物质，所以这个天体不可能向外界发出任何信息，而且外界对它探测所用的任何媒介包括光子在内，一贴近它就不可避免地被它吸进去。它本身不发光并吞下包括辐射在内的一切物质，就像一个漆黑的无底洞，所以这种特殊的天体就被称为黑洞。

2. 元素的形成

恒星在主序带时期，与后主序带阶段，都会进行比氢更重的元素的合成。所合成的"重元素"，会经由后主序带时的氦闪、碳闪行星状星云、新星爆炸或超新星爆炸等过程，把重元素散播到星际之间。与星际物质混合的重元素，成为下一代恒星诞生的部分原料，将如浴火凤凰般的再生。地球上比氢重的元素，都是已死亡的恒星的遗产，所以地球上，有生命或无生命的万物都是天上的星宿下凡。在天文学中，比氢重的元素都称为"重元素"，有时甚至称为"金属"。重元素的形成过程与条件见表 3.2。

表 3.2　恒星内的核融合反应

核燃料	核反应产物	最低点燃温度 /K	主序星质量 /$M_\text{太阳}$	融合持续时间 / 年
氢（H）	氦（He）	$2×10^7$	0.1	$7×10^6$
氦（He）	碳（C）、氧（O）	$1.2×10^8$	0.1	$0.5×10^6$
碳（C）	氖（Ne）、钠（Na）、镁（Mg）、氧（O）	$6×10^8$	4	600
氖（Ne）	氧（O）、镁（Mg）	$1.2×10^9$	~ 8	1
氧（O）	硅（Si）、硫（S）、磷（P）	$1.5×10^9$	~ 8	0.5
硅（Si）	镍（Ni）、铁（Fe）	$2.7×10^9$	~ 8	1 天

图 3.20 所示则反映了恒星内部不同元素参与热核聚变的条件和过程，并显示了恒星内部的"圈层结构"。

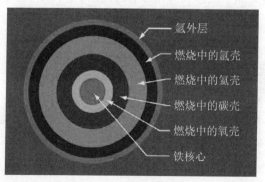

图 3.20　大质量恒星不同演化阶段形成的"圈层结构"

在天文学中，一般元素是指比铁轻的化学元素，在后主序时期的恒星，经由氦原子核俘获、中子俘获与质子俘获，产生比硅 –28 轻的元素。

氦原子核俘获是较常发生的反应，所以原子序数为 4 的整数倍的元素丰存度也较高（见图 3.21）。

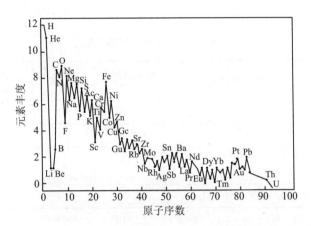

图 3.21　宇宙中元素成分占比情况

对核心温度 $2.7 \times 10^9 K$，高到可以产生硅融合的恒星，经氦原子核俘获产生的重元素，有一部分会高热而自行分解或称光分解成较轻元素的原子核。而在氦原子核俘获与光分解的过程中，产生了一系列比硅重的元素直至产生铁为止（见图 3.22）。

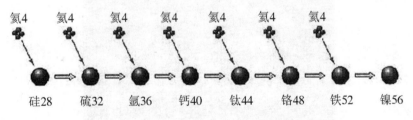

图 3.22　原子序为 4 的整数倍的元素丰存度也较高

因为比铁重的元素，在进行核融合成更重的元素时会吸收能量，而不是放出能量。因此一般认为，比铁重的元素，只有在超新星爆炸的过程中，重元素的原子核经由中子俘获产生。

大质量恒星在演化的最末期，由于铁核心崩溃而发生超新星爆炸。爆炸的历程通常不到一秒就已经结束，所以在爆炸的过程中，所合成比铁重的元素相对来说丰存度也较小，故又通称为稀有元素。

3.2.3　宇宙"怪异"天体大全

美国"国家地理新闻"网站刊登了一组图片，展现了天文学家在外太空发现的一系列怪异的天体，其中包括黑寡妇星云、地狱行星 CoRoT-7b、被称为"Ia 型超新星"的僵尸恒星以及酷似索隆魔眼的恒星南鱼嘴。

1. 黑寡妇星云

黑寡妇星云位于圆规座（见图 3.23（a）），由分子气体构成，外形好似一只可怕的蜘蛛。这个星云内存在大量大质量年轻恒星，位于中部的黄色区域。恒星产生的辐射将周围气体吹进两个方向相反的"气泡"，形成球茎状的"身体"和"蜘蛛腿"。

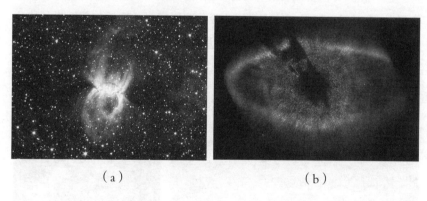

（a）　　　　　　　　　　　　（b）

图 3.23　黑寡妇星云和索隆魔眼

2. 索隆魔眼

2008 年，天文学家将哈勃太空望远镜对准"索隆魔眼"并发现一颗新行星。"索隆魔眼"这个名字来源于魔幻大片《指环王》，实际上是指南鱼嘴，它是南鱼座中最亮的一颗星，距地球大约 25 光年

（见图 3.23（b））。其炽热的"虹膜"实际上是一个形成行星的物质构成的环，环绕这颗恒星。环内的一个小亮点是类似木星的行星南鱼嘴 b。这幅照片是第一幅展现环绕另一颗恒星的行星可见光照片。

3. 地狱行星

系外行星 CoRoT-7b 堪称一个地狱，炽热的石雨从天而降，一侧存在广阔的熔岩海，另一侧永远被恒星发出的光线烘烤。2009 年，科学家第一次对 CoRoT-7b 进行描述，它是科学家发现的第一颗（银河）系外多岩行星。它距离母星 150 万英里（约合 250 万千米，见图 3.24（a）），是水星与太阳间距离的 1/23。这颗行星同样受潮汐能影响，一侧始终朝向所绕恒星，另一侧则永远处于黑夜之中。根据天文学家的计算，朝着恒星的一侧温度达到 2327 摄氏度。

4. 僵尸恒星

当一颗类日恒星死亡时，它会吞噬外层气体，最后留下的尸体为"白矮星"。有时候，恒星尸体也会因为吸收附近恒星的物质起死回生。这种僵尸恒星被天文学家称为"Ia 型超新星"。在消耗附近恒星的大量物质并达到质量极限时，白矮星会发生爆炸，形成超新星。

图 3.24（b）展示的天体被称为"第谷超新星残余"，是 Ia 型超新星最著名的例子之一。

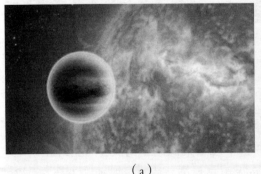
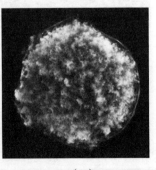

（a）　　　　　　　　　　　　　　　　（b）

图 3.24　离母恒星太近的"地狱行星"和"僵尸恒星"

5. 猎户座的蝙蝠

2010 年 3 月, 欧洲南方天文台的天文学家在观测猎户座一个漆黑的角落时拍摄了一幅"宇宙蝙蝠"照片, 也就是 NGC 1788 星云。与利用自身加热气体发光的星云不同, 这个星云利用冷气体和尘埃反射和散射内部年轻恒星的光线发光。图 3.25 (a) 所示由智利欧洲南方天文台的拉希拉望远镜拍摄, 结合 3 种可见光波长揭示"蝙蝠"的明亮面部以及两侧的黯淡"翅膀"。

（a） （b）

图 3.25　Ia 型超新星爆发 (a) 和黑洞相残

6. 黑洞同类相残

在 NGC 3393 星系内, 两个黑洞相互对抗并吞噬对方(见图 3.25(b))。美国宇航局钱德拉 X 射线望远镜项目的科学家公布了这幅合成图片, 展现涡旋星系 NGC 3393。在这个星系中部, 两个相隔仅 490 光年的超大质量黑洞上演同类相残的"宇宙惨剧"。天文学家认为 NGC 3393 一定吞噬了另一个质量较小的星系, 后者的中部同样存在一个黑洞。这两个黑洞将一直对抗下去, 直至一方消灭另一方。

7. 小幽灵星云

小幽灵星云 NGC 6369 是很多业余天文学家的最爱。从地球上观察，它是一个黯淡的气体云，环绕一颗恒星尸体，坐落于蛇夫星座。图 3.26（a）所示是"哈勃"2004 年拍摄的照片，小幽灵星云展示了其更多细节，揭示了已死恒星放射出的气体的演化。恒星产生的紫外辐射剥离气体中的原子，让附近区域离子化，形成明亮的蓝绿环。外缘的红色区域离子化程度相对较低。

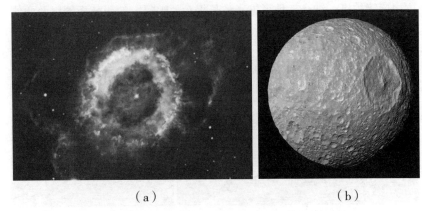

（a） （b）

图 3.26 小幽灵星云（a）和土卫一上巨大的"赫歇尔"大陨坑

8. 土卫一

土卫一"米马斯"是土星众多卫星中的一个，表面坑坑洼洼。图 3.26（b）展示的是"赫歇尔"大陨坑，它直径大约在 80 英里（约合 130 千米）左右，相当于土卫一直径的三分之一。天文学家认为形成"赫歇尔"的撞击几乎撕裂了这颗直径 250 英里（约合 400 千米）的卫星。

9. 吸血鬼恒星

我们的银河系存在一系列所谓的"蓝离散星"，它们通过吸收其他恒星的物质，保持年轻的外貌。蓝离散星通常在密集的星团中形成，所含的恒星据信形成时间大致相同，其中大部分是银河系内最古老的恒星。但蓝色也说明内部存在年轻恒星。科学家认为这些吸血鬼"偷盗"附近恒星的气体（见图 3.27（a）），让年老的恒星增加质量，进而让寿命延长数亿年。

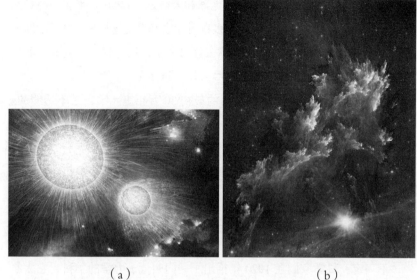

（a）
（b）
图 3.27　吸血鬼恒星（a）和太空魔幻星云

10. 太空魔幻星云

这是一张连天文学家目前也不好解释的星云照片（见图 3.27（b））。绚丽、魔幻，充满了魅力，相信能给每个看到它的人带来幸运！

3.3　到底是什么样的宇宙

宇宙的奇妙一次次地超出了我们想象的"上限"。那我们居住的到底是一个什么样的宇宙呢？

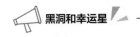
3.3.1 宇宙是"轮回"的吗

直到现在，很多西方人还认为地球和天空是在 6000 万年前经超自然的创造形成的。无论如何，现在大多数科学家都接受这样一个事实：即太阳系是在 46 亿年前由尘埃云和气体云经过一个自然过程后形成的，而且也许在 150 亿年以前宇宙形成后这些云就已经存在了。

在宇宙的开端，在时空诞生后的最初 30 万年里，宇宙是不透明的。随着质子和电子互相结合成原子，辐射就可以自由地通过了，于是就形成了一个可观测的宇宙。

但是如果我们回到大爆炸的时候并假设宇宙的所有物质和能量都集中在一个相当稠密的小球中，这个小球非常热，它发生爆炸形成了宇宙，那么这个小球是从哪来的呢？它是怎么形成的呢？我们一定要假设在这一阶段里有超自然创造吗？

不一定，科学家们在 1920 年推出了一门叫量子力学的学科，它太复杂了，以至于我们无法在这里解释。这是一个非常成功的理论，它恰当地解释了其他理论无法解释的现象，而且还可以预测新现象，所预测的新现象和实际上发生的完全相同。

1980 年，一位美国物理学家阿兰·古斯开始用量子力学研究了有关大爆炸起源的问题。我们可以假想在大爆炸发生以前，宇宙是一个巨大的发光的海，里面什么都不存在。很明显这种描述是不准确的，这些不存在应该包含着能量，所以它不是真空，因为按定义真空里应该什么都没有。前宇宙含有能量，但它的所有组成部分和真空的成分相似，所以它被叫做假真空。

在这个假真空里，一个微小的质点存在于有能量的地方，它是通过无规律变化的、无目的的力量形成的。

事实上，我们可以把这个发光的假真空想象成一个泡沫状的泡泡团，它可以在这儿或在那儿产生一小片存在物，就像海浪产生的泡沫一样。

这些存在物中有的很快就消失了，回归到假真空；而有的正相反，变得很大或者经过大爆炸形成像宇宙那样的物体。我们就住在这样一个成功存在下来的泡泡里。

但是这个模型有很多问题，科学家们一直在弥补和解决它们。如果他们解决了这个问题，我们会不会有一个更好的观点来解释宇宙从何而来呢？

当然，如果古斯理论的一部分是正确的，我们可以简单地往回走一步问假真空的能量最初是从哪里来的。这个我们说不出来，但这并不能帮助我们证实超自然物质的存在，因为我们还可以再往回走一步问超自然物质是从哪里来的。这个问题的答案令人震惊，即"它不来自任何地方，它总是这样存在的"（见图 3.28）。这是很难想象的，也许我们得说假真空中的能量也是从来都这样存在的。

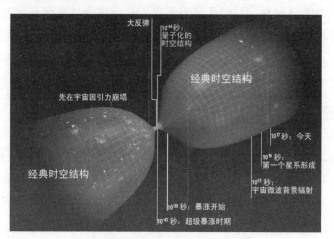

图 3.28　量子化的时空结构宇宙

美国密歇根大学的天文学家亚当斯和劳林推测（当今）宇宙的整个寿命约为 10^{200} 年。这比从宇宙大爆炸到现今的宇宙年龄（为 150 亿～200亿年）约大 10^{190} 倍。为了表达方便，对于如此之大的天文数字，他们创

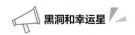

造了一种"宇宙年代"表达法，即将 10^N 年定义为 N 个宇宙年（即 10^{100} = 100 宇宙年），显然，相对于 200 宇宙年目前的宇宙就还是幼年期。亚当斯和劳林二人认为宇宙从开始产生到最后毁灭将经历四个阶段：即繁星期，衰落期，黑洞期和黑暗期。他们的研究是建立在宇宙大爆炸理论的基础之上的，同时使用了计算机模拟技术，并融合了最新的天文学成果。

1. 繁星期

宇宙大爆炸至今已有约 200 亿年的历史。宇宙目前正处于繁星期中期。在这个时期，恒星和星系保持较高的能量，因此夜空中呈现一片繁星闪烁的景象。天文学认为，太阳是一个已经 46 亿岁的黄矮星。再过数十亿年以后，当它的能量逐渐消耗完的时候，它将先衰变为红巨星（体积膨胀到目前火星的轨道），然后进一步缩小变成白矮星。那时候的太阳只有地球一般大小，而且由于它散发出的巨大热量，它将使地球上的一切生命无法存在，那时人类将不得不在宇宙中另寻栖身之地。有一种叫做红矮星的恒星不会衰变成红巨星，但它们的燃料也只能维持 10 亿年。当红矮星最后也开始逐渐黯淡下去的时候，宇宙就开始进入衰落期。

2. 衰落期

亚当斯等人认为，宇宙的衰落期将从距今 1000 亿年以后开始。在这个时期，宇宙中到处都是失去燃料的星体残骸，它们包括白矮星、褐矮星、中子星和黑洞。这个时期的一个特点是，原来巨大的恒星坍塌到相对较小的空间之内，可能只有原来恒星的核心部分那么大。由于这些物质无法再利用氢为原料进行核聚变，因此它们完全失去了光辉。这时的次原子微粒也失去了以往的物理特性。

在衰落期，星系开始逐渐解体。衰变的星体相互碰撞，一些将从此漫游于广阔原星际空间，一些便滑向星系的中心部分。在此过程中，一些星体残骸将被黑洞吞噬，而两颗褐矮星也有可能相撞形成新星。这时宇宙中的文明将不得不适应衰落期的现实，而新的生命将不会自动产生。研究人员通过计算发现，衰落期的白矮星将吸收宇宙中游离的"弱相互作用质量微粒"，这一过程将给黯淡的宇宙增添一丝热量。

3. 黑洞期

黑洞期是宇宙的可怕期，但这一时期距现在还有相当长的时期。专家们认为，到距今大约 38 个宇宙年（即 10^{38} 年）以后，恒星的残骸开始解体，这时宇宙的演变将慢慢进入黑洞期。衰落期终结时光子开始丧失（光子存在于每一个电子之中），光子的丧失将导致白矮星和中子星的解体，使宇宙中绝大部分质量转化为能量，同时标志着衰落期的结束。随着光子从电子中逃逸出来，一切以碳为基础的生命将不能在宇宙中继续生存。

由于黑洞具有极大的引力，它能将一切靠近它的物质吸引到其中而成为它的一部分。但根据量子力学理论，黑洞的周围部分也会损失一些能量。这些微小的损失在经典物理学中几乎可以忽略不计，但经过亿万年的过程，黑洞最终也逃脱不了解体的结局。

4. 黑暗期

黑暗期是指整个宇宙处于一片黑暗。亚当斯等天文学家们认为，当宇宙中最后一个黑洞也烟消云散之后，整个宇宙的景象是茫茫宇宙陷入一片黑暗，所有的星星早已燃烧殆尽，一切有机生命形式都归于沉寂，黑暗之中仅存的是由一些基本粒子构成的薄云。一片由正电子、负电子、光子和中微子组成的云雾散布在无边无际的时空当中。在大约 100 个宇宙年（10^{100} 年）之后，光的波长将变得相当长，亮度也变得相当暗，那时的宇宙将成为一个当今人们无法了解的世界。这幅由亚当斯和劳林描绘的图画，也许是目前人们能得到的关于宇宙终结的最具体的描述。

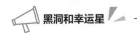

3.3.2　正在变化的宇宙

生活不止眼前的苟且，还有宇宙的创生与毁灭！

图 3.29 中的时间轴由左至右，展现了目前我们对宇宙历史的了解。宇宙诞生于大爆炸发生的那一刻，也在那一刻开始了急剧膨胀，称为宇宙暴胀。

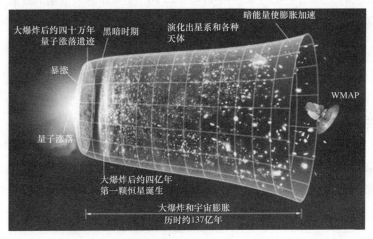

图 3.29　我们的宇宙

我们的地球在宇宙诞生 92 亿年后形成。宇宙的膨胀一直持续到今天，并且在加速膨胀中。从这张宇宙演化图解，可以看出宇宙的结构在越来越大。我们将以大爆炸为起点，沿着时间轴前进，去看看宇宙是如何演化成今天的样子。

1. 宇宙大爆炸：137.5 亿年前

在 20 世纪初，比利时天文学家、天主教神父勒梅特计算出宇宙正在膨胀。通过数学上的倒推，他推论出宇宙诞生时只有一丁点儿大，密度却高得惊人，他称之为原始原子（汤），宇宙中所有物质都被压缩于其中。天文学家霍伊尔将这个原子的爆炸戏谑地称之为 "The Big Bang"，即宇宙大爆炸（图 3.30）。

图 3.30　"The Big Bang"和勒梅特

　　宇宙大爆炸解释了为什么遥远天体光谱的谱线向红端移动。这一现象被称为红移。红移导致移动中恒星的光改变了颜色，其波长被膨胀的空间拉伸了。天体距离地球越远，红移越大，远离的速度也越大。美国天文学家哈勃通过观测证实了红移确实与距离有关，这种关联被称为哈勃定律。

2. 宇宙大爆炸后最初的几分之一秒

　　20 世纪 70 年代的天文学家们在理解早期宇宙时遇到了一个问题。当他们用射电望远镜探测深空时，他们发现了一个微弱的背景辉光。奇怪的是，辐射背景光在各个方向上几乎一模一样，这似乎不合理，后来物理学家将其称作宇宙微波背景辐射（图 3.31）。

　　1980 年美国物理学家阿兰·古斯提出了一种解释。他推测在宇宙大爆炸之后的几分之一秒里，宇宙急剧地膨胀，其体积激增了 10^{78} 倍。宇宙暴胀模型揭示了，我们能看到的宇宙一定只是那些我们永远无法直接观测的宇宙极小的一块。

图 3.31　微波背景辐射和宇宙学之父阿兰·古斯

3. 宇宙大爆炸后 0.001 秒至 3 分钟

在接下来的宇宙暴胀中，已经开始冷却的宇宙仍然有着我们难以想象的高温，然后基本粒子从一种叫做夸克—胶子等离子体的物质中产生（见图 3.32）。

图 3.32　巨量物质和反物质发生湮灭

大爆炸后千分之一秒，巨量物质和反物质发生湮灭（剩下的物质构成了今天的宇宙)。三分钟内,宇宙的温度降至 10 亿度,原子从最基本的元素氢和氦中形成。

基本的核粒子——质子和中子——由更为基本的粒子"夸克"构成。物理学家们正试图重新产生构成早期宇宙的等离子体;他们的办法就是用粒子加速器在高能状态下让亚原子对撞。

4. 宇宙大爆炸后 3 分钟到 37.9 万年

在这一阶段,早期宇宙处于高温和黑暗中。在大爆炸发生后约 37.9 万年,宇宙冷却到足够光线从物质中分离出来。简单地说,宇宙变得透明了。图 3.33 展示的是 UDFy-38135539 星系,是迄今为止我们发现的最古老的星系之一,在宇宙的"黑暗时期"之后,约大爆炸后 4.8 亿年出现。

图 3.33 最老的宇宙天体

5. 宇宙大爆炸后 1.5 亿年到 10 亿年

20 世纪 60 年代,荷兰天文学家施密特在观测深空时发现了一种奇怪的天体,在长波段上非常明亮,他认为这是类似恒星的射频源。美国天文物理学家丘宏义将其命名为类星体(见图 3.34)。

图 3.34　施密特和类星体

当施密特通过研究它们的谱线红移来确定其与地球的距离时，有了惊人的发现。这些天体距地球数十亿光年，因此只有极明亮才会在地球上被观测到。随后的研究表明，这些神秘的类星体是在宇宙早期就已形成的活跃星系。引力坍缩导致物质向核心聚集，最终形成了由数十亿颗恒星构成的巨大黑洞。类星体中心的黑洞在吸收物质的同时将物质加热成高温等离子体，产生的射流接近光速。

6. 宇宙大爆炸后 90 亿年

最早的恒星形成于宇宙诞生后 3 亿年。这些恒星寿命短暂，体积巨大，主要由氢和氦构成，不含金属物质。第一批恒星爆发后成为超新星，下一代恒星由上一代恒星的残留物形成。分析太阳的光谱，可以看出其富含金属，因此是在很多代恒星之后形成的。

太阳的能量来源一直是个谜，直到 1905 年爱因斯坦提出了伟大的质能转换方程 $E=mc^2$，问题才得以解决（见图 3.35）。1920 年英国天体物理学家阿瑟·爱丁堡提出太阳的能量可能来自核聚变，通过将氢转化为氦来产生热能和光能。对于太阳和其他恒星的光谱研究，证实了核聚变反应创造出构成我们世界的原子元素。

图 3.35　爱因斯坦和宇宙能源

7. 今天的宇宙

科学界已经将我们的宇宙起源、历史、特性拼成了一幅震撼人心的图景（见图 3.36）。还有很多需要知道但我们却一无所知的事。物理学界和宇宙学界仍然有大量的问题需要答案。这些答案似乎也关系到你、我、他，乃至人类的命运。

图 3.36　今天的宇宙

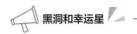

3.3.3　宇宙　奇异　深邃　期待

仰望星空，会不会觉得宇宙很宁静、很神秘。我们最后要读者知道的，是你会觉得宇宙是多么神奇。

1. 巨大的电流场

这些大电流场（见图 3.37）是被黑洞辐射出来的，一个电流场就是银河系的 1.5 倍大！

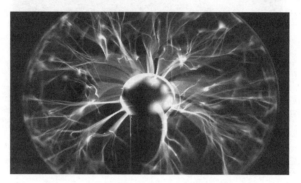

图 3.37　黑洞激发的巨大的电流场

2. 冥王星冰川

冥王星的温度实在太低了，这颗星球上的冰比钢还坚固（见图 3.38）。你知道上面温度有多低吗？ −234℃！

图 3.38　冥王星冰川

3. 巨星

看到对比图了吗（见图 3.39）？我们的太阳和大犬座 VY 相比，简直弱爆了？这颗星球实在是太大了，它要是崩溃，所爆发的能量对宇宙简直就是一场毁灭性的灾难。

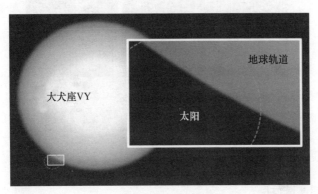

图 3.39　超巨恒星

4. 钻石星

科学家最近发现了一颗行星，这个星球的 1/3 都是钻石（见图 3.40）。要是你能想办法去的话就发大财了。

图 3.40　钻石星

5. 水星上有一个米老鼠

米老鼠啥时候访问水星去了（见图3.41）？科学家竟然在水星上发现了米老鼠的踪影。

图 3.41　水星上有一个米老鼠

6. 超高速恒星

流星其实不是真正的星球，它们是银河系中穿梭的陨石。但是有一种星球比流星还快（见图3.42），它们以每小时250万千米的速度逃离银河系。上帝保佑地球永远不要遇到它们。

图 3.42　超高速恒星

7. 燃烧的冰行星

这颗燃烧的星球表面温度有 439℃，但是水分却没有蒸发，它们牢牢凝固在星球表面（见图 3.43），这就是传说中的火冰。

图 3.43　燃烧的冰行星

8. 一个巨大的水库

图 3.44 是宇宙中的一团云，离地球有数万光年之远。这团云上聚集的水量是地球所有水量的 140 万倍。你可以穿上泳裤去那里旅行。

图 3.44　一个巨大的水库

9. 暗能量

暗能量（见图 3.45）占全宇宙的 68%，它们是宇宙不断膨胀的动力。

图 3.45　暗能量

10. 暗物质

在我们可见的宇宙中，有 27% 是暗物质（见图 3.46）。关键是，目前为止我们不知道它们是什么！有点让人毛骨悚然啊。

图 3.46　暗物质

11. 独角兽

三叶星云与独角兽（见图 3.47）的形状一模一样！

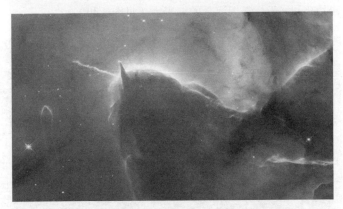

图 3.47　独角兽

12. 一个几乎适合居住的星球

这颗星球就在前面那颗冰行星附近（图 3.48）。为什么说这颗行星只是几乎适合人类居住呢？因为它的自转周期等于公转周期（像月亮一样），所以对着它附近太阳那一面热得要命，背对"太阳"那一面冷得要命。不过刚好位于分界的地区应该是适合居住的。

图 3.48　一个几乎适合居住的星球

13. 巨大的云团

这是宇宙中最大的云（团），唔，应该说是目前发现的最大的东西。这团云叫 Himiko 云，是银河系的一半大（见图 3.49）。

图 3.49　巨大的云团

14. 一颗寒冷的恒星

绝大部分恒星都热得恐怖，但是这颗恒星却不怎么热，甚至比你的体温还低（见图 3.50）。人体的正常体温是 37℃，这（停止核聚变的黑矮星）上面的温度是 31.7℃。

图 3.50　一颗寒冷的恒星

15. 一个由黏稠液体构成的巨大类星体

这团巨大的黏稠液体星球是银河系的 40 倍大（图 3.51），它的恐怖之处在于它的存在打破了人类已知的物理学定律。

图 3.51　一个由黏稠液体构成的巨大类星体

16. 快速移动的黑洞

这些黑洞（图 3.52）是已经坍塌的恒星。黑洞是著名的吃货，连光线都不放过。它们还是著名的跑步健将，以几百万千米的时速在宇宙中游荡，寻找猎物。一旦找到好吃的，它们的运动轨迹就会转弯。很可怕的是，由于我们看不见它，所以科学家也不知道啥时候地球会被这些黑洞当做食物吃掉。

这些事实离我们似乎很遥远，但其实我们都是宇宙的一分子，我们有必要了解它们，了解宇宙。

图 3.52　快速移动的黑洞

参 考 文 献

[1] [美] 加芬克尔. 通向宇宙的三级阶梯 从太阳到黑洞，再到神秘的暗物质 [M]. 北京：科学出版社，2014.

[2] [美] 尼尔，德格拉斯，泰森. 死亡黑洞 [M]. 长沙：湖南科技出版社，2014.

[3] [美] 徐一鸿. 爱因斯坦的玩具 [M]. 北京：清华大学出版社，2013.

[4] 姚建明. 天文知识基础 [M].2 版. 北京：清华大学出版社，2013.

[5] 姚建明. 科学技术概论 [M].2 版. 北京：中国邮电大学出版社，2015.

[6] 姚建明. 地球灾难故事 [M]. 北京：清华大学出版社，2014.

[7] 姚建明. 地球演变故事 [M]. 北京：清华大学出版社，2016.

[8] [英] 斯蒂芬·F.梅森. 自然哲学史 [M]. 上海：上海译文出版社，1980.

[9] 王维. 地球的形状 [M]. 北京：科学出版社，1982.

[10] 宣焕灿. 天文学史 [M]. 北京：高等教育出版社，1992.

[11] 百度文库等网页文章.